シリーズ近江文庫
Ohmi Library

「魚つかみ」を楽しむ

魚と人の新しいかかわり方

中島経夫・うおの会 編著
nakajima tsuneo　uonokai

新評論

①投網による調査風景
②川の上流での釣りによる調査
③④水路でのタモ網による調査
⑤〜⑦観察会での様子

5

6

7

8

9

⑧琵琶湖湖岸のヨシ原での調査
⑨川での観察会
⑩⑪⑫琵琶湖博物館のタッチングプール
⑬雨の日の水路での調査。大きなコイがとれた
（撮影：うおの会）

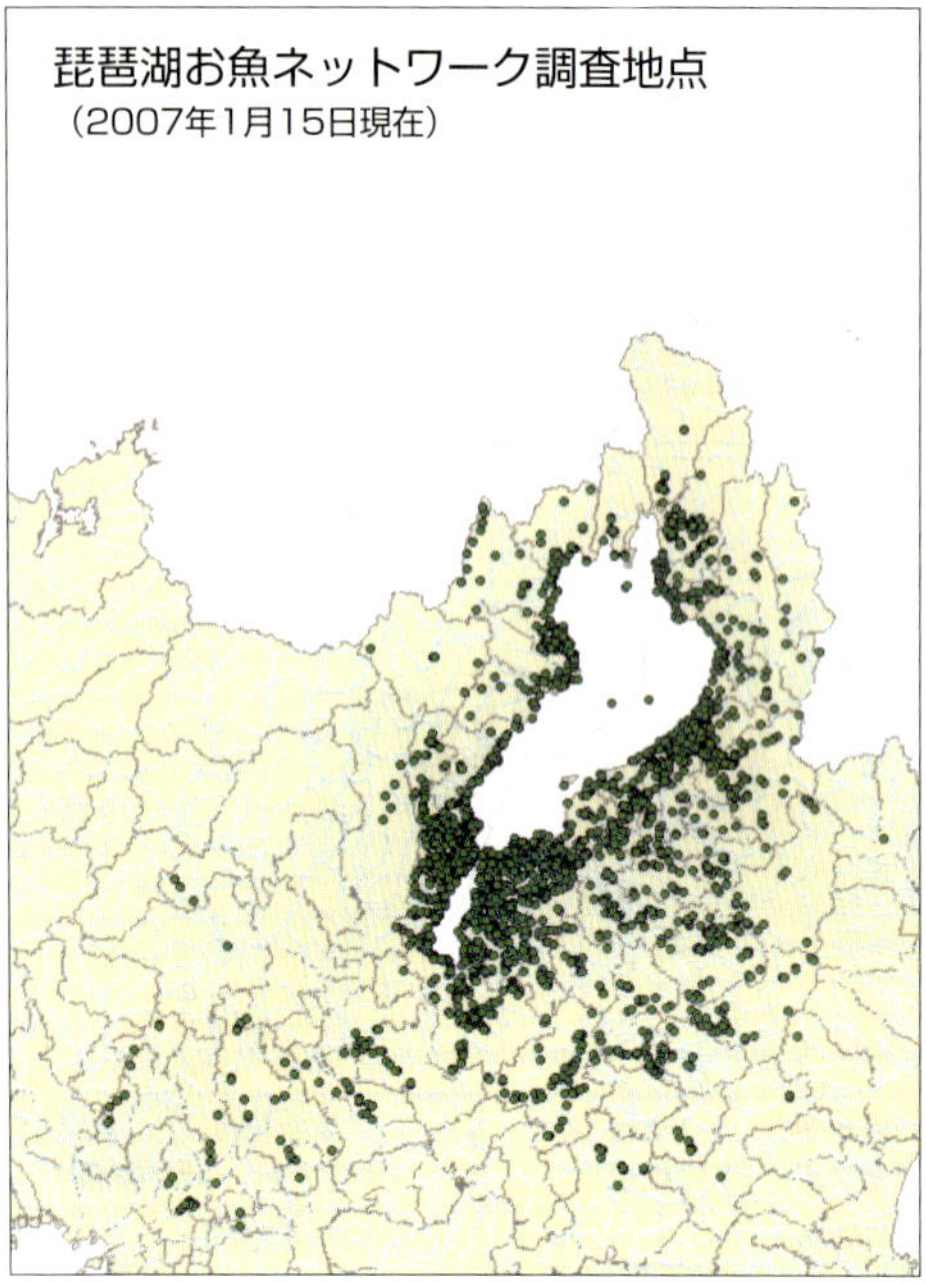

「琵琶湖お魚ネットワーク・だれでも・どこでも琵琶湖お魚調査隊」（第２次うおの会調査）の調査件数は、初級編と上級編をあわせて 17,886 件に及んでいます。「初級編」でよく採集された魚のベストテンについて、その採集地点のマップを示しました。「初級編」では、小さな魚でメダカではないものをコイ科の魚の仔稚魚とすることにしています。初夏から夏にかけて観察会や調査を行うので産卵期の後となり、コイ科の仔稚魚はゴリ（ヨシノボリなど）について多くなっています。全調査地点で示した地域では、ブルーギルやオオクチバスはやっと９位かベストテンの圏外となっています。（分布図は『お魚ネットワーク報告書』より）

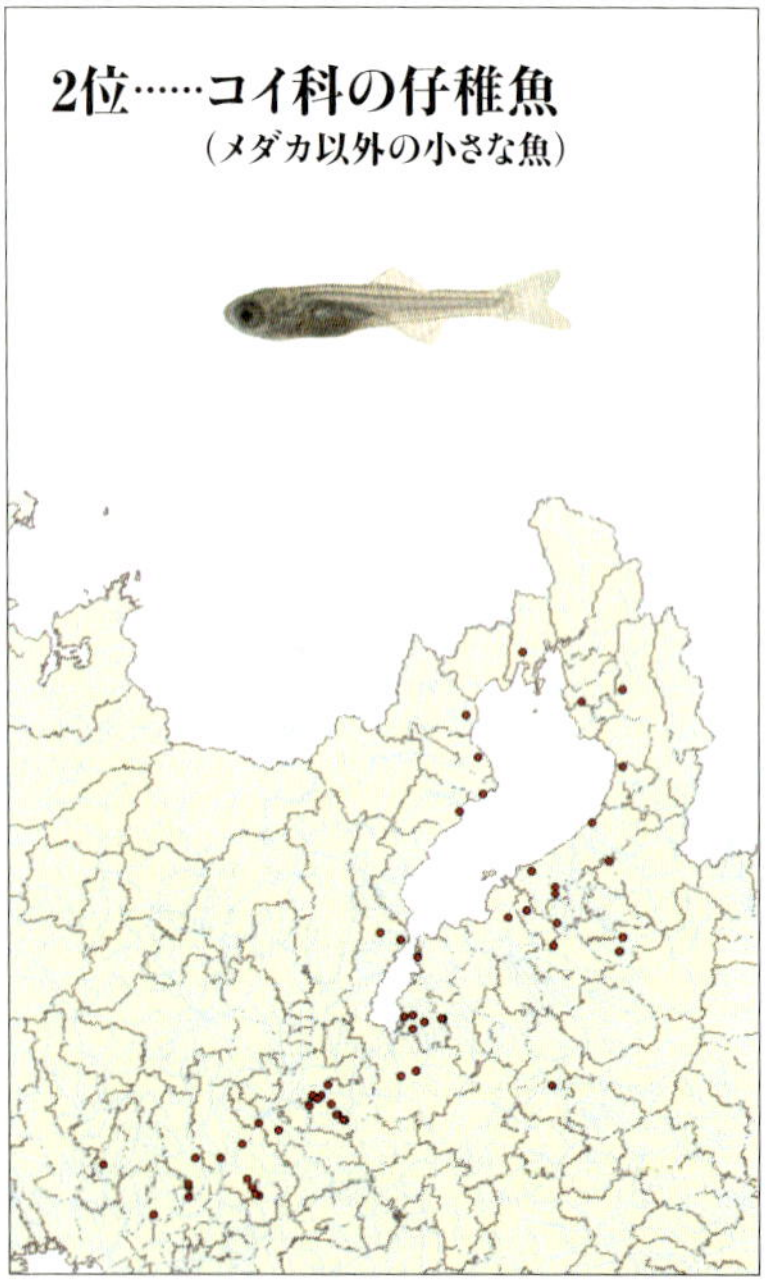

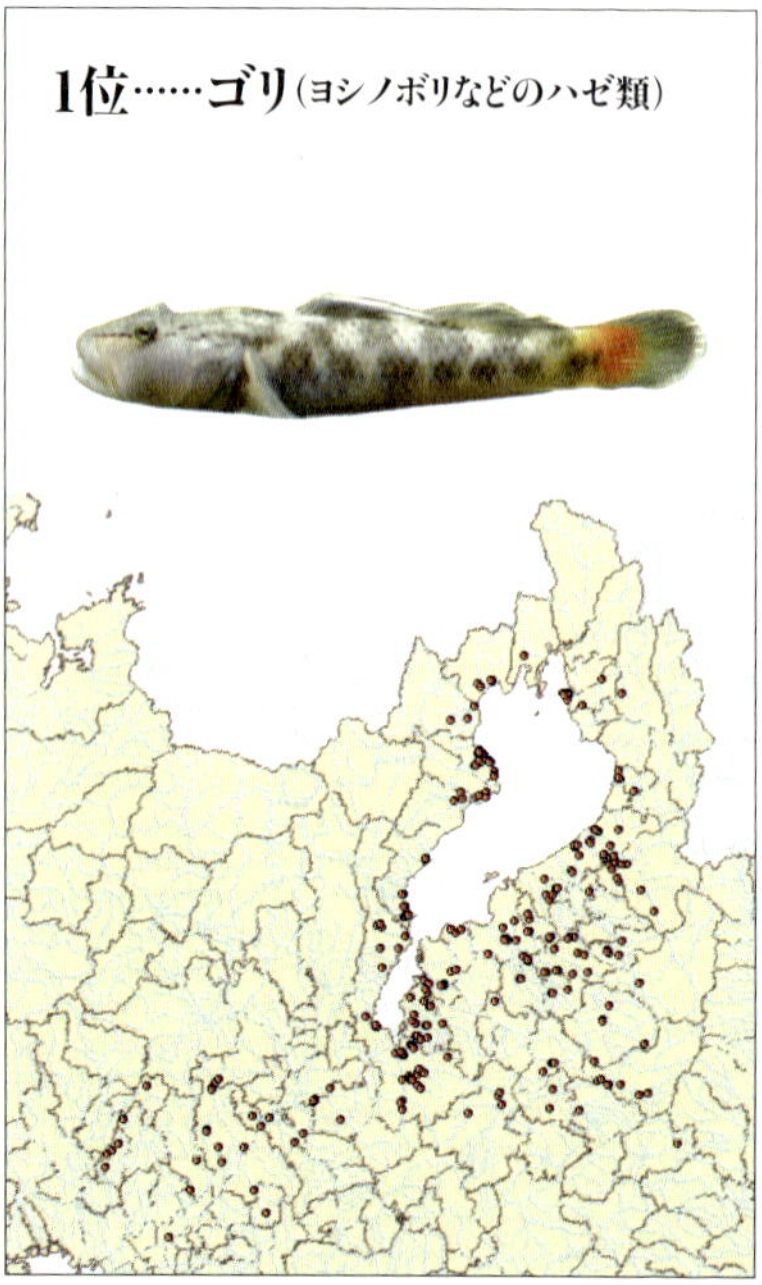

4位……ドンコ

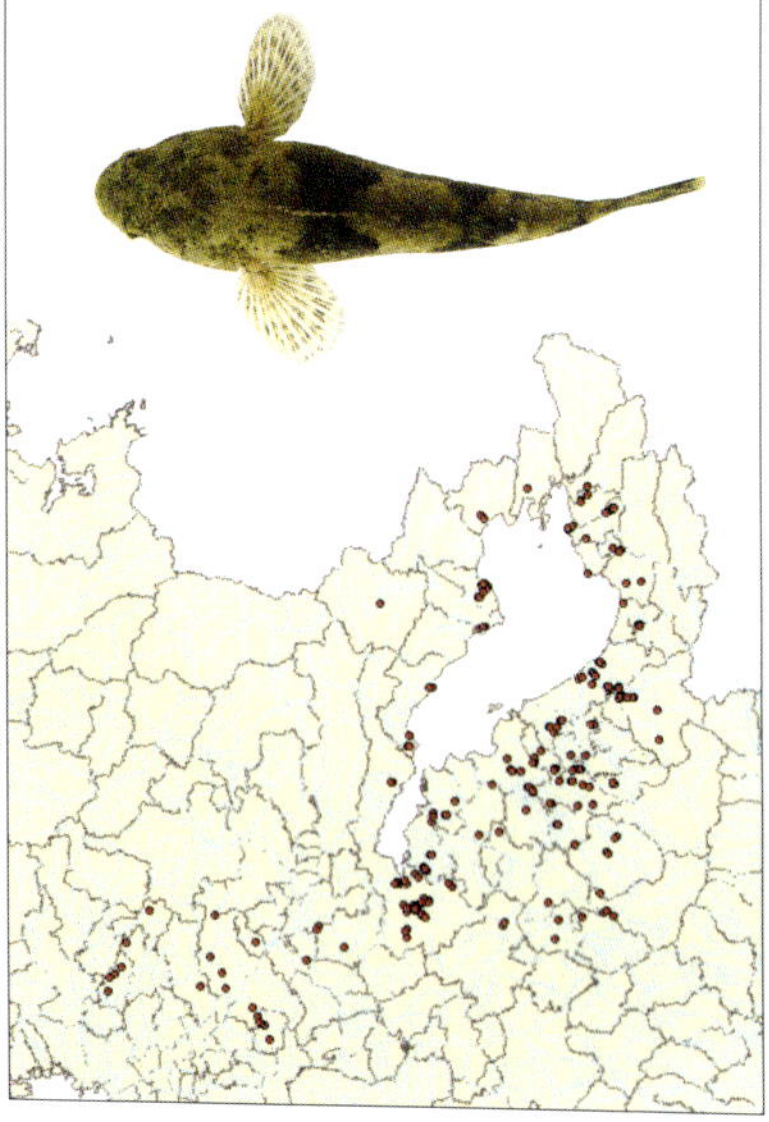

3位……カワムツ

（ヌマムツとの区別はしていない）

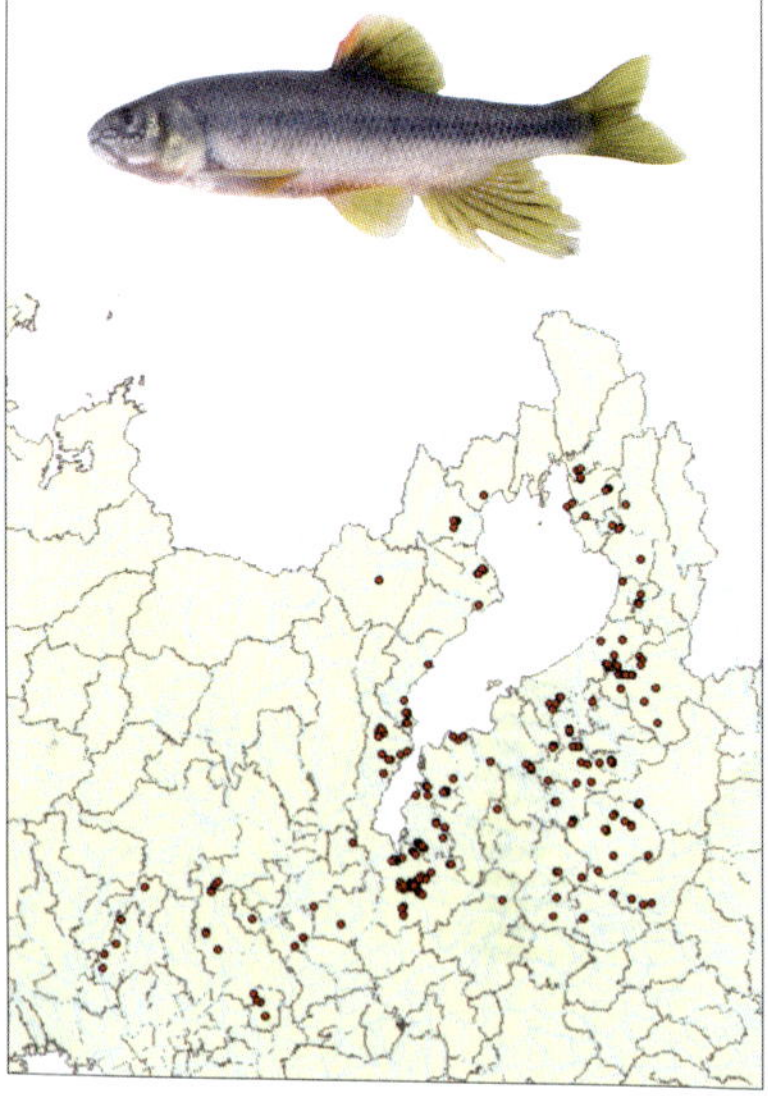

6位……メダカ（カダヤシも含む）

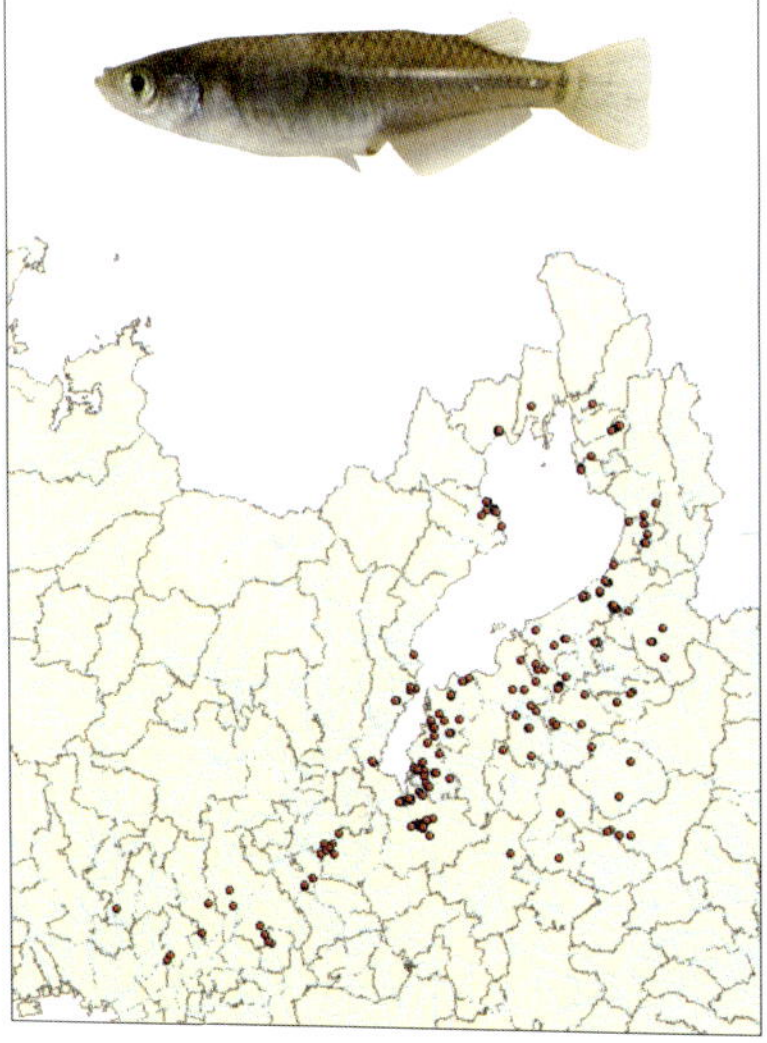

5位……ドジョウ

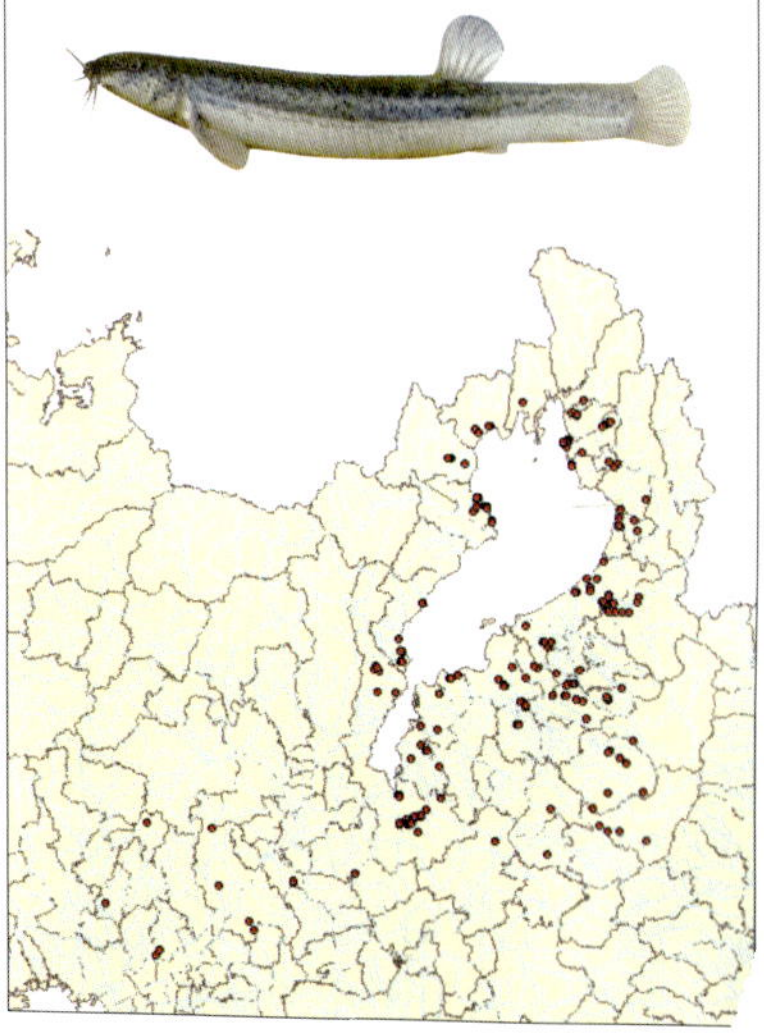

7位……フナ（フナ属）

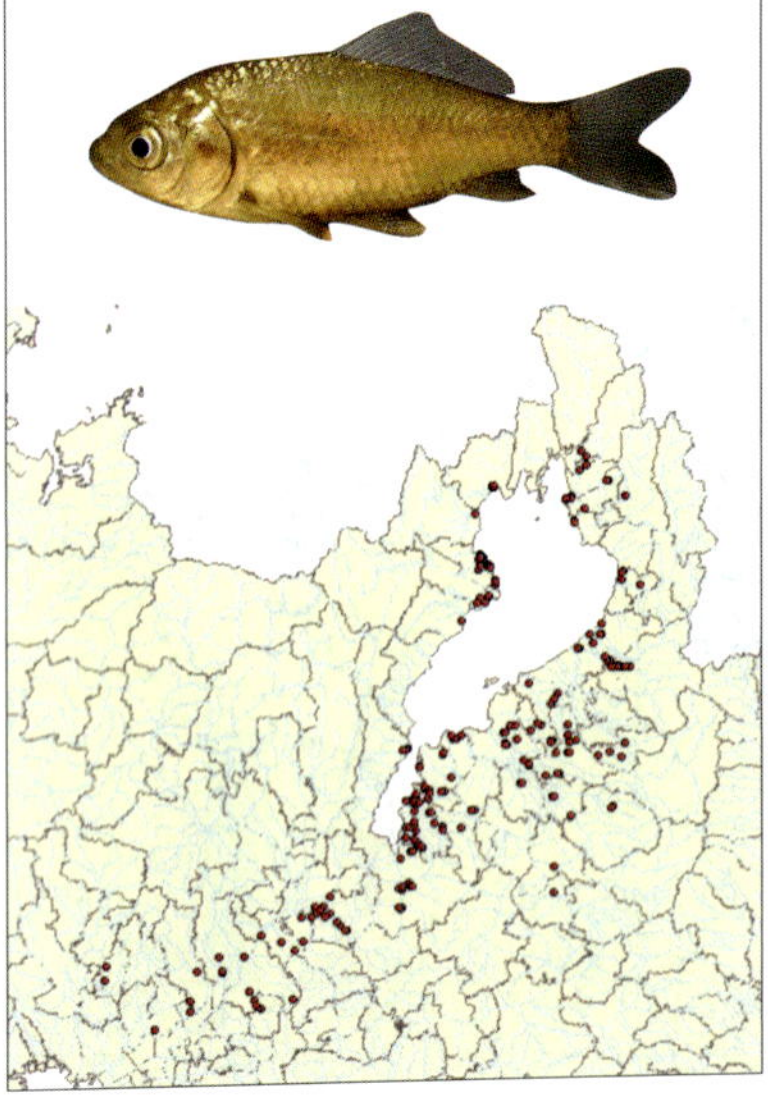

8位……オイカワ

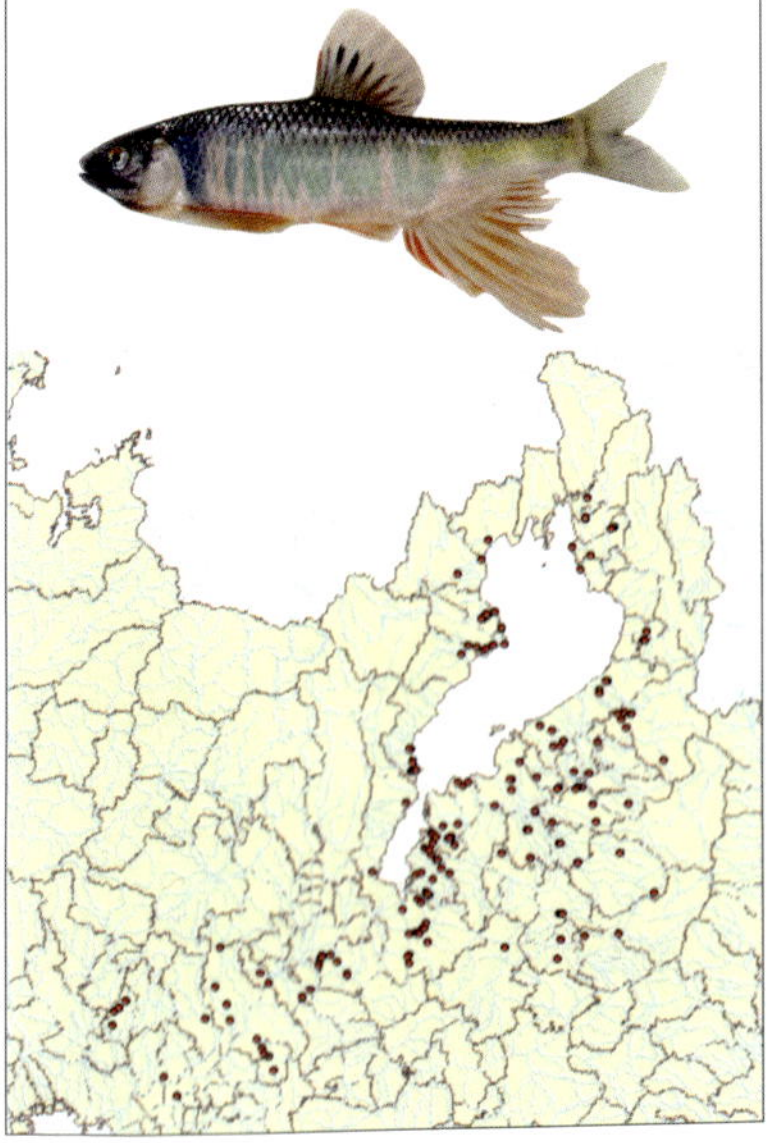

9位……ブルーギル

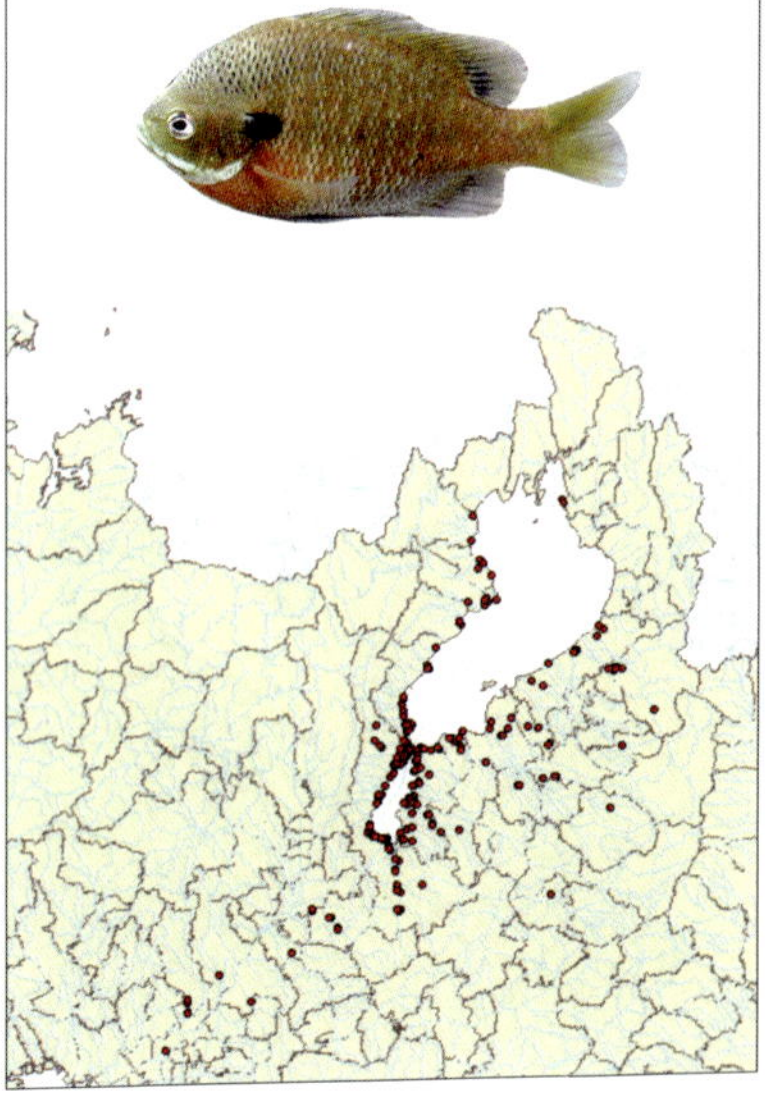

10位……ボテ（タナゴ類）

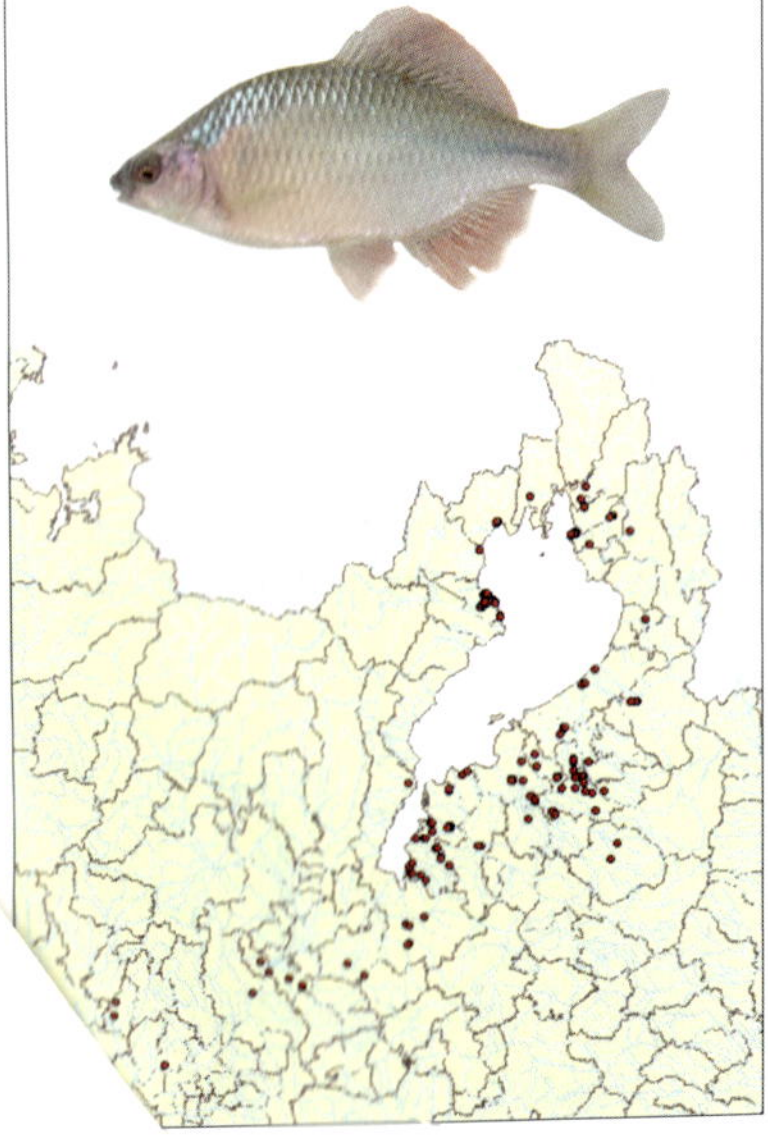

まえがき

琵琶湖博物館には、タッチングプールを中心にすえた「ふれあい体験室」という水族展示のコーナーがあります。この展示コーナーでは、われわれ「うおの会」が組織した「琵琶湖お魚ネットワーク」の活動が紹介されています。タッチングプールで魚にふれることをきっかけとして、川や水路で「魚つかみ」を楽しんだり、さらに一歩進めて、うおの会で行っている調査に参加してみませんか、と訴えています。

さて、このタッチングプールでは、ニゴロブナとアメリカザリガニにふれることができます。ニゴロブナにふれた子どもたちの感想はというと、「ツルツルしている」とか「ヌルヌルしてた」などといったものです。そして、ザリガニはというと、つかもうとするとハサミを振りかざして威嚇してくるので、怖がってなかなかつかむことができません。しかし、おっかなびっくりでやっとザリガニをつかんだ子どもたちは、「硬い」とか「かわいい」と言いながら、ニゴロブナとは違う感触に笑顔を振りまいています。その様子を付き添ってきた親たちがすかさず写真に撮るという光景が、毎日、ここでは繰り返されています。

琵琶湖博物館（撮影：中島経夫）

琵琶湖博物館ふれあい体験室のタッチングプール（撮影：中島経夫）

ところで、博物館のタッチングプールでフナやザリガニにさわるのが初めてという子どもたちがたくさんいいます。田んぼの小川や水路が遊び場、フナやドジョウたちが友達という時代に育った私たちにとっては考えられないことです。

放課後、ランドセルを放り投げて、友達と近所の小川に出掛けては「魚つかみ」を楽しんだものです。珍しい魚をつかまえては自慢したり、つかまえた魚を死なせたりとその思い出はつきません。楽しむということは、子どもたちにとって代え難い先生となります。かつては、誰に教えてもらうわけでもなく魚の名前を覚え、魚の習性や生態を学んできました。そして、魚がいそうな場所や危ない場所などを体で覚えてきました。

ところが、最近の子どもたちは、「川は危ない」、「川は汚い」とか言われて川に近づくこともできなくなり、魚つかみを楽しむことも少なくなりました。しかし、川のなかで魚つかみをするからこそ、川の危険や楽しみが分かるのです。魚つかみや川遊びは、世代を超えて理屈抜きに楽しいものです。親子や家族がそろって魚つかみをすることによって、遊びながら学ぶことができるのです。さらに、人間関係や家族の絆《きずな》を養うことができると思います。

「魚を愛し、魚つかみを楽しもう。魚とその生息環境を将来に残そう」を合い言葉に、うおの会が誕生してから一五年を超えました。この間、大きな事故もなく、さまざまな成果を上げてきました。

うおの会には、未就学児から仕事をリタイアした人、そしてアマチュアからプロフェッショナルな研究者まで、あらゆる世代のさまざまな職業の人たちが会員となって活動しています。親子で、夫婦で、先生と生徒がいっしょに会員になっている人たちもいます。職業や年齢の違いを超えて、タモ網での魚つかみを楽しんでいます。

うおの会では、魚つかみを楽しみながら集めた成果を、魚やその生息環境を保全するための基礎データとしています。そして、魚つかみを普及しようという活動も行っています。保全したい魚は、希少な珍しい魚だけではありません。うおの会では、どこにでもいるヨシノボリやヌマムツといった「ただの」魚や、その魚たちが生息する環境の保全が大切だと考えています。

かつては、湧水がある地域の三面コンクリート張りの水路でもハリヨを見かけることができました。大津の膳所公園前の琵琶湖では、カワバタモロコが佃煮にできるほどとれました。これらの魚のように、現在は希少種となっている魚の多くもかつては「ただの」魚だったのです。どこにでもいる「ただの」魚が希少種にならないように、魚つかみを通じて魚やその生息環境を見守っていきたいと考えています。

家の前の水路や田んぼの水路、街のなかを流れる小さな川など、一見するとドブ川のように見える川にも、よく観察するとさまざまな魚や生き物がいることが分かります。これらの魚たちにとって、人間に追い回されるのは迷惑な話かもしれませんが、そんな魚たちが棲む水路に関心が払われなくなったら本当に姿を消してしまうことになるのです。

つかまらないように必死に泳いで逃げたり隠れたりする魚、それを何とかつかまえようとする人間――この真剣な闘いが、魚やその生息環境の保全につながると信じています。そして、そのことを読者のみなさまに知っていただきたいと思い、うおの会の一五年間の活動をまとめてみることにしました。

先ほど述べたように、たしかに魚つかみは楽しいのですが、危険がないわけではありません。また、面白半分では環境破壊につながるかもしれません。そのため、注意しなければならないことや、やってはいけないことといったルールがあります。そのルールも、活動を通じてつくられたものです。また、うおの会のメンバーが経験によって生み出したノウハウも本書に盛り込むことにしました。本書を読むことで、一人でも多くの人が魚つかみを楽しむようになったら幸いです。

もくじ

第3章　科学的調査を楽しもう　101

第4章　魚つかみから分かったこと

第5章　「うおの会」とコラボして　195

「魚つかみ」を楽しむ――魚と人の新しいかかわり方

序章

魚つかみ

（撮影：中島経夫）

「魚つかみ」をしてみよう

みなさんは、川や水路のなかをじっくりと見たことがありますか。橋の上から見た川でも、道路わきを流れる水路でも、水がきれいであれば泳いでいる魚が見えるはずです。小さいメダカでしょうか、大きなコイ、何か分からない中くらいの細長い魚もいます。何という魚でしょうか。上から見ているだけではよく分かりません。一度、川に入って川のなかで見てみましょう。

少しおおげさですが、初めて川や水路に入るにはとても勇気がいります。川に入ると底がヌルヌルしていて気持ち悪いかもしれませんし、すべって転ぶかもしれません。そのうえ、水がとても冷たいかもしれませんが、そんなことを忘れるぐらい川のなかは楽しいことでいっぱいです。

せっかく川に入るんだったら、アミを持って入りましょう。アミですくってみると、上から見ていただけでは見えなかったものがたくさん見えてきます。ザリガニなら簡単にすくえますが、魚は少し難しいです。でも、安心してください。この本には、川に入って安全に魚をつかむためのヒントがたくさん書かれています。

川や水路には夏の間にしか入れないと思っている人が多いかも知れませんが、この本を読めば一年中、川で楽しめるということが分

住宅地の中を流れる水路（撮影：中島経夫）

かります。魚をつかむためには山のなかを流れるきれいな川に行かなければならないと思っている人もいるでしょうが、身近な川や水路にも魚はいますし、楽しいことがたくさんあります。どんな川や水路でも、なかに入ると、今までのように上から見ていた光景とはまったく違う様相にビックリするはずです。

この本を読むとき、みなさんが知っている川や水路の風景を思い浮かべながら読むことをおすすめします。そうすれば、きっとすぐにでも川に入りたくなるでしょう。上から見るだけなんてもったいない。川や魚は楽しいことをいっぱい準備して、みなさんがやって来るのを待っているのです。そして、思いっきり「魚つかみ」を楽しんでください。

「魚つかみ」という言葉を使うわけ

「うおの会」では、魚をつかまえることを「魚つかみ」と言っています。それには理由があります。まず、それを説明しましょう。

魚をとることを意味する言葉には、「魚釣り」、「魚とり」、「魚つかみ」などさまざまな言い方があると思います。「魚釣り」と言えば、針と糸、そして竿などを使って魚をひっかけて釣りあげることとです。「魚とり」となると、タモ網や投網、さらにウケ[1]やヤス[2]などを使って魚をとることを思い浮かべます。そのほかにも、エリやヤナ（次ページの写真参照）などのスケールの大きな漁法も「魚とり」の一つでしょう。しかし、この規模になれば「魚とり」と言うよりも、「漁《りょう》」と言ったほうがよいかもしれません。

　そして、私たちがこだわる魚つかみという言葉は、手で魚をつかんでとる行為を意味しています。魚つかみ大会などがその例で、レクリエーション的な意味あいが強い言葉ですが、うおの会の調査では、素手はもちろんタモ網や投網《とあみ》なども使って行っているので、「魚類調査」もしくは「魚とり」といったほうがイメージに近いと思いますが、あえて「魚つかみ」という言葉にこだわっているのは、「調査」というほど堅苦しくはなく、「魚とり」というほどたくさんの魚をとるわけでもなく、あくまでも楽しみながら必要最小限の魚だけをつかまえることを神髄《しんずい》としているからです。このことをすべての会員が共有しているため、「魚つかみ」という言葉をあえて使っています。

　さらに私たちは、つかまえた魚の情報を収集・分析し、

ヤナ。河川に杭や石などを敷設して水流をせき止め、魚を誘導する流路を造って魚をとる道具。川を下る魚を捕る下りヤナと、上る魚を捕る上りヤナがあるが、琵琶湖の周りの河川では上りヤナが多い。（撮影：中島経夫）

エリ。簀を湖のなかに立てて魚をとる大型の陥穽漁具。琵琶湖でよく見られる。（撮影：中尾博行）

その情報を使いながら、魚たちが棲める環境の保全を行い、子々孫々まで魚つかみが楽しめる環境を守りつづけることも目標としています。

なぜ魚なのか

魚つかみは、理屈抜きにおもしろいです。それでは、なぜおもしろいのでしょうか。

タモ網で狙った魚をとろうとしても、すばしっこくてなかなかとれません。しかし、水草の茂みをガサガサと足でかき回し、タモ網ですくったときに思いがけず大きな魚が入っていたときの感激はなんとも言えません。

魚を上手につかまえるには、ある程度の知識や経験が必要となります。言うまでもなく、魚のいる場所で魚つかみをしなければなりませんが、どこに魚がいるのかを知っていなければどうしようもありません。水路や川の様子、水草の生え方や水面を見つめている水鳥などを観察すれば、姿が見えなくても魚がいることが分かります。魚がいそうだと思えば手や足で水をかき混ぜて川の水をにごらせて、水中に煙幕を張って隠れている魚を追い出し、タモ網に追い込んで魚をつか

（1）魚の習性や生態を利用して、魚を漁具の中へ誘導する漁具を陥穽漁具というが、ウケは網や竹でつくられた小型のもの。
（2）ヤリのような漁具で、突き刺して魚をとる。

まえます。「魚つかみ」は魚との知恵比べであり、一種のハンティングなのです。

かつて人間は、身近な魚を食料にしていました。まだ、日本人が米をつくることを知らなかった縄文時代から、周りに棲んでいたたくさんのフナやコイも貴重な食料だったのです。たくさんいるといっても、フナやコイは普段深い所にいて、私たちがとれるほど近くには来ません。卵を産むときだけ、私たちの手が届く所にやって来ます。そのときこそがフナやコイをつかむチャンスなのです。

私たちの祖先は、魚が産卵する季節や場所、そして雨が降ると産卵に来るということを知っていて、そのときに魚つかみをして、つかんだ魚を保存食としていました。それが理由で水辺での暮らしがはじまり、そこで米づくりがはじまったのです。

弥生時代へと時代が進むと、効率よく米をつくるために田んぼがつくられるようになりました。田んぼは、フナやコイが卵を産むヨシ原とよく似ています。そのうえ、肥料が与えられるので魚たちのエサも多くなります。魚たちは田んぼで卵を産み、卵からかえった子どもたちも田んぼで育つようになりました。つまり、昔の人々は、魚がたくさんやって来るような田んぼをつくっていたのです。そして、その田んぼや周りにある水路にやって来る魚をつかんで食料としていたのです。

このように、魚つかみは遠い昔から人間が食料を得るために行われてきたのです。私たちが魚つかみをおもしろく感じるのは、遠い祖先の記憶なのかもしれません。

第1章
「魚つかみ」を楽しもう

（撮影：中島経夫）

第1節

魚つかみに出掛ける前に

魚つかみの道具

魚つかみの道具には、その目的によっていろいろな種類があります。ここでは、誰でもが手軽に「魚つかみ」を楽しむための道具を紹介します。といっても、タモ網とバケツがあれば十分です。バケツはつかんだ魚を持ち運ぶための容器ですが、魚つかみをしているときにも使いますから、持ち運びのしやすいプラスチックのバケツがいいです。

タモ網はかかせない道具です。うおの会ではこのタモ網にこだわっています。そこで、タモ網について少し詳しく紹介しておきます。

夏休みにスーパーなどでよく売られている太い針金のフレームにアミが取り付けられているタモ網や虫捕り用の網では、魚つかみを楽しむことがちょっと難しいかもしれません。網を留めるフレームと外枠のフレームが二重になったものをおすすめします。魚は水草や水底の物陰に隠れて

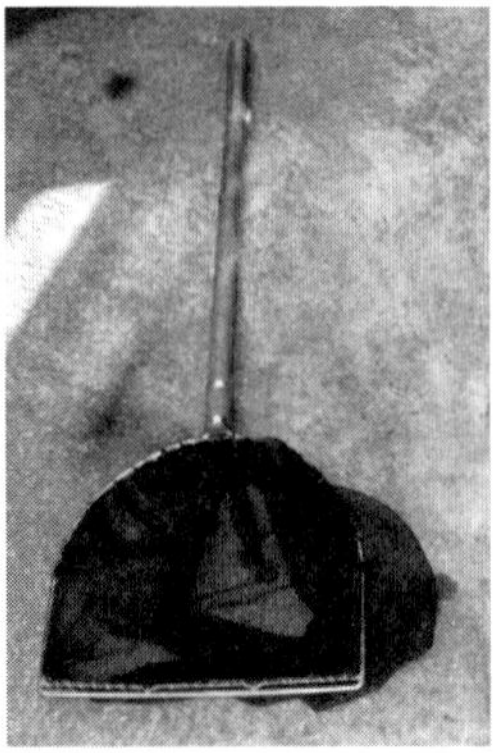

タモ網（撮影：田中治男）

いますから、魚をつかむためにはそこにタモ網を差し入れなければなりません。フレームがかなり頑丈なものでないと、すぐに壊れてしまうのです。

また、タモ網には、フレームが丸いものと、先が平らなＤ字型のものがあります。できれば、先が平らなものがいいです。フレームが丸いものだとタモ網と水底の間にすき間ができてしまい、そこから魚が逃げてしまうのです。うおの会では、「養魚用二重枠三角玉網」というものを使っています。タモ網のフレームが二重になっていて、フレームをこすっても網が破れることがありませんし、多少手荒く扱っても壊れることがありません。

タモ網とバケツの用意ができたら魚つかみの準備は完了なのですが、その前に、さまざまな魚つかみの道具やその方法を先に紹介しておきましょう。

手づかみ――手で直接つかむ方法です。水辺の柳の木の根っこの間に手を入れて、モロコやフナをつかむのが魚つかみの醍醐味です。五月から六月の産卵期には水路にフナが寄ってきて堰《せき》の下に固まっていますので、手づかみでとることができます。このとき、ビンのかけらや魚の棘《とげ》などに十分注意をしてください。

手ぬぐい・稚魚ネット――小川では、メダカや魚の稚魚が群れをつくっています。その群を、手ぬぐいやタオルですくいあげることもできます。このような魚をつかむなら、熱帯魚をすくうアミや稚魚ネットを使うといいでしょう。でも、小川で使っているとすぐに破れてしまうので、あまりおすすめはできません。

釣り――言うまでもなく、釣り竿で魚を釣る方法です。竿にも延べ竿、リール竿などといろいろありますが、それだけでなく仕掛けやエサにも工夫が必要となります。水深が深くて直接川に入れない所では、この方法で魚をとります。

投網《とあみ》――魚を一網打尽にしてつかまえる方法です。しかし、狭い小川や水路では使えませんし、投網を投げるのにはテクニックが必要です。また、狙う魚の大きさによって網の目の大きさを替える必要があります。川によっては、葦《ヨシ》のような水草があって投げられないときもありますし、川底が見えない所では何が網に引っかかるのか分かりません。空き缶や針金などのゴミがあったり、岩があったりすると、それらに引っかかって厄介なことになります。網に何かがひっかかるとそれが原因で破れてしまうこともありし、破れてしまった網を上手に修理することは素人にはできません。

ビンづけ――ガラスビン、セルビンなどの透明な仕掛けで、ペットボトルなどを利用してつくることもできます。入り口から入った魚が出られない仕組みになっています。ビンの中に魚が好きそうな練

セルビン（撮影：中島経夫）

投網（撮影：中島経夫）

りエサなどを入れて、川底に沈めてそのままにしておくと魚がとれます。その川にいそうな魚の種類や大きさに合わせて入れるエサや入り口の大きさを工夫し、仕掛ける位置や向きを工夫したりするとよりたくさんの魚がつかまえられます。

モンドリ——ビンづけと同じく、魚の通り道に竹と網でつくったモンドリを仕掛けるのですが、魚がいったん入ったら出られない仕組みとなっています。中に魚の好きそうな練りエサなどを入れて、しばらくそのままにしておくと魚がとれます。その川にいそうな魚の種類や大きさに合わせて、入れるエサや入り口の大きさを工夫したりします。

タツベ、ウケ（ウエ）——ビンづけやモンドリと同じような陥穽《かんせい》漁具として、タツベやウケがあります。これらも、魚の通り道に仕掛けます。

竹づつ——節の抜いた竹の筒を沈めておきます。ウナギをとるための道具ですが、ナマズがとれることもあります。

ヤス——二又や三又になった先のとがった金属を竹や金属の棒につけたもので、魚を突き刺してつかまえます。もちろん、つかまえた

竹づつ（撮影：中島経夫）

フナタツベ（撮影：うおの会）

魚は死んでしまうので、食べる魚をつかまえるとき以外は不向きな方法です。

サデ網――二本の柄に、三角形、円形、楕円形、半円形などの形の枠に袋状の網を結びつけて魚をすくい取る方法です。

押網・伏せ籠――魚のいる所に網やカゴをかぶせてつかまえる方法です。

刺網――川の流れを横切るように網を仕掛け、それに引っかけてつかまえる方法です。魚の種類によって網の目の大きさを選びます。目が大きすぎて網の目を通り抜けたり、大きい魚が網を破ったりするので注意が必要です。

四つ手網――二本の竹で四隅を広げた網です。エサをアミの真ん中に置いて、水中につけておきます。魚が集まったころを見計らって網を揚げます。

これらの漁具や漁法は、遊漁では使用が禁止されていることがありますので注意が必要です。あらかじめ、釣具店や都道府県の行政機関などから「遊漁の手帖」や「遊漁のしおり」などを手に入れて

伏せ籠（撮影：中島経夫）

四つ手網（撮影：中島経夫）

確認してください。または、インターネットで「遊漁　都道府県名」などで検索して、都道府県の水産課などのウェブサイトで確認しておくことをおすすめします。水産庁のホームページ内には「遊漁の部屋」があり、各都道府県の「遊漁・海面利用のルール・マナー」にリンクしています。

次に、魚つかみのときにこんなものがあったら便利という道具や持ち物について紹介しておきます。

ビニール袋・プラスチック水槽——つかまえた魚を観察するときに役立ちます。プラスチック水槽は、百円ショップなどで虫入れとして売られている小さなものでかまいません。

エアーレーション——つかまえた魚を少しの間生かしておくために、空気を送る携帯用のポンプです。

手袋——魚には、鰭《ひれ》に鋭い棘《とげ》をもっている種類のものがいます。またとくに、人の手の温かさで魚にやけどをおわせないために冬場は手袋があると役立ちます。

偏光メガネ——これがあると川のなかがよく見えます。ポリエチレン製のビニール袋を引っ張って伸ばせば偏光レンズの代わりになります。

メモ帳とペン——つかまえた魚の名前、場所、時間などを記録します。水に濡れても大丈夫な耐水紙でできているものが便利です。

時計――時刻や時間を記録するために必要です。
水温計――水が温かくなって魚が動き出す季節や、魚が卵を産む季節の水温が何度ぐらいなのかを知るために、水温計があると便利です。
地図・携帯のGPS――場所の確認のために必要です。しかし、GPSのデータは実際の場所と異なることがあるので、地図で確かめることをおすすめします。
図鑑――つかまえた魚を調べるためにポケット図鑑があると便利です。
カメラ――現場の様子や分からない魚や生き物をつかまえたときに写真を撮っておくと、あとで便利です。写真については、本章3節の「魚つかみの記録を残そう」(四八ページ)、「魚を撮影する水槽をつくる」(五二ページ)で詳しく説明します。

魚つかみをするときの服装

道具の準備ができたら次は服装です。魚つかみの服装は、濡れてもよく、動きやすいものにしなければなりません。草や木の枝で腕や足を傷つけないように、上着は長袖、ズボンは長いものにしてください。川のなかでは水面による紫外線のはね返りが意外に強いので、それらは日焼けの防止にもなります。生地は、ジーンズのような木綿のものでは濡れたときに動きにくくなりますので化繊のものがよいでしょう。

そして履き物ですが、水のなかへ入るということで長グツやゴムゾウリで魚つかみをしようとする人がいますが、川のなかでの動きやすさと安全性を考えるとやはり運動靴が一番です。川や水路の底には何があるか分かりません。指先やかかとがむき出しになるゾウリではケガをすることがあります。また、泥底では、泥にとられてゾウリや長靴が脱げてしまいます。長靴は浅い場所であればよいのですが、少し深い所では中に水が入ってしまうので厄介です。

子どもに「中に水が入ってもいいから長靴のままでいなさい」と言うお母さんがよくいますが、水の入った長靴ほど動きにくいものはありません。使い古しの運動靴でよいので、それを履いて川に入り、魚つかみが終わったら靴を履き替えるというのがもっともいい方法です。

そのほか、暑い季節に魚つかみするときには熱中症予防のためにも帽子がかかせないものとなりますし、同じく熱中症対策として水筒やペットボトルも必ず必要です。

(左) 本格的な魚つかみの服装 (撮影：田中治男)
(下) 水に入るときの履き物の良し悪し (撮影：同上)

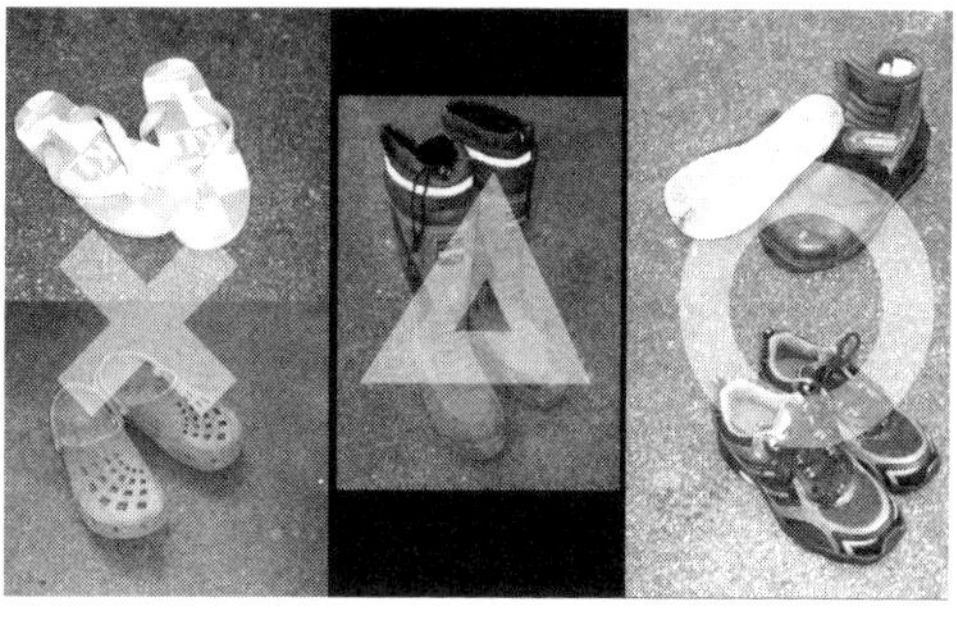

魚つかみの時期と季節

魚をつかまえることは、場所と方法を工夫すればどんな季節でも可能です。雪の舞う真冬だろうが、真夜中だろうが、魚をつかまえることはできます。魚は真冬にいなくなるのではなく、一か所に固まって越冬しているだけなのです。だから、たくさんの魚をつかまえたいのなら冬にかぎります。

昼間、活発に泳いでいる魚も夜にはじっとしています。多くの魚は夜中に眠っているのです。寝ぼけている魚をつかまえるのは、昼間よりもずっと簡単です。夜中になると、夜行性で昼間にはあまり見かけることのないナマズやウナギが泳いでいる姿を見ることもできます。でも、真冬や夜中は危険がいっぱいですから、あまりおすすめはできません。とはいえ、このような季節や時間に魚つかみをしてみると、ふだんとは違う楽しみを味わうことができます。

気軽に魚つかみを楽しむ場合は、時期と季節がかぎられてきます。水ぬるむ春から田植えの時期にかけては産卵活動に忙しく、また水も濁っているので魚つかみには向いていません。それらが落ち着いた、六月ごろからが魚つかみのベストシーズンとなります。真夏は魚の活動期で、たくさんの魚が泳いでいるのを見かけることができますが、先ほども述べたように熱中症などに気をつけて楽しみましょう。そして、秋も「魚つかみ」のシーズンで初冬までつづきます。空気が肌寒く感じられるようになっても水温は思ったほど下がっていません。水温が摂氏一五度くらいまでは十分に魚つかみを楽しむことができます。

少し魚つかみに慣れてきたら、お気に入りの場所で時間や季節を変えて行うのもいいでしょう。同じ場所だからといって、同じ魚がとれるとはかぎりません。

魚つかみを楽しめる場所

魚つかみを楽しめるかどうかは場所次第です。どこにでも魚がいるわけではありませんし、魚がいても、危険な場所や魚とりが禁止されている所もあります。魚をたくさんつかまえても、事故を起こしたり、ルールを破ったりしては楽しむどころではありません。それでは、魚つかみを楽しめる場所とはどんな所でしょうか。

魚つかみはいろいろな場所で楽しむことができますし、その楽しみ方も人によってさまざまです。たとえば、たくさんの魚がつかまえられる所、多くの種類の魚や珍しい魚がつかまえられる所、また景色のよい場所かもしれません。ですから、「魚つかみを楽しめるのはこんな所です」と一言で言うことはできません。グループで魚つかみに行く場合は、どんな楽しみ方をするのか、それぞれの希望を事前に話し合うようにしましょう。

また、車に乗って魚つかみに出掛けるのであれば、車を止める場所が必要となります。気軽に安全で楽しめる場所としては、全国にある親水公園のように整備されている場所がよいでしょう。

親水公園であれば駐車場が完備されている所が多いですし、道路や土手からの進入路もあるので川へのアクセスも簡単です。

さて、川での魚つかみにはどんな所がよいでしょう。水深が膝より浅い所で流れの速くない所、そして近くに深みのない所、また急激に川が増水することのない地形の所がよいと思います。それから、川底は砂か砂利がよいでしょう。普段から知っている川で魚つかみをする場合はよいのですが、知らない川に出掛ける場合は事前に下見をすることも大切となります。魚がいそうか、危険な場所がないかなど、前もって十分に調べておきましょう。

とはいえ、遠くまで行かなければ魚つかみが楽しめないというわけではありません。たとえば、町内にある水路や一見ドブ川のように見える所でも水があれば何かがいるかもしれませんし、そんな所で魚や生き物を見つけることも楽しいものです。実際、水深五センチメートルほどの小さな水路にも魚がいます。

もし、魚がとれなくても、「その日、そこでは魚がとれなかった」という貴重な記録を残すことができます。とにかく、魚がとれようがとれまいが、「ここぞ！」と思った場所で積極的に魚つかみをしてみましょう。そこには新しい発見があります。それに、魚つかみをしていると近所の人が話しかけてくることがあります。そんなときには、ためらわずにいろいろなことを話しましょう。川の近くに住む人との会話のなかに、貴重な情報があるかもしれません。

魚つかみをしてはいけない場所の調べ方

タモ網さえあればどこでも楽しめる魚つかみですが、してはいけない場所もあります。そんな場所がどこなのかを、簡単に調べる方法について説明しましょう。

魚つかみをしてみようと考えているみなさんの頭のなかには、きっと特定の場所が浮かんでいることでしょう。そこは川ですか、それとも水路や池ですか。そこには「釣り禁止」と書かれていませんか。柵や金網で仕切られている場所にも入ってはいけません。たとえ簡単に入れるような場所であっても、私有地である池や沼では所有者の許可が必要となります。公園にある池も同様で、公園を管理している人の許可が必要となりますので、そこで魚つかみをしてもよいかどうかをまず近くに住んでいる人に聞いてみましょう。

水質保全浄化池での釣り禁止の立て札(撮影：高田昌彦)

普通の川や湖などでは特別の場合を除いて自由に活動できますが、そこにも一定のルールがあることを忘れないでください。アユのいる川などでは、アユをつかんではいけない期間や場所が決められています。たとえその場で逃がすにしても、つかんではいけないのです。そのような所には旗などで目印がつけられていますので、まず魚つかみをする場所の周囲に旗やお知らせの看板がないかを念入りに調べましょう。

このような目印がなくても許可されていない所もあります。釣りをしている人がいたら聞いてみるのもいいですし、もし近くに釣具屋さんがあればいろいろなことを教えてくれるはずです。また、大きな川には漁業協同組合があり、組合員でない人が釣りをする場合は許可証を買わなくてはなりません。この許可証は、川の近くにある釣具屋さんで売っています。少し詳しく禁止区域を調べる方法については、第２章１節の「遊漁が禁止されている場所などの調べ方」（七九ページ）で説明します。

第2節 さあ、魚つかみに出掛けよう

こんな所を探してみよう――川

一口に川と言っても、淀川や安曇《あど》川のように大きな川から細い水路のような川まで、大小さまざまな川があります。また、同じ川であっても、流れが速くて岩がゴロゴロしている「上流域」、流れの速い所や遅い所があって石や砂の河原が広がっている「中流域」、そして流れが穏やかで砂や泥が多くなる「下流域」というように、その環境は場所によってさまざまです。

実際に魚つかみをする場所を眺めてみても、浅い所、深い所、水草が生えている所、石が多い所、砂地の所と、流れの速さもさまざまであることが分かります。また、水があればどこにでも魚がいるわけではなく、種類によって生息している所も違います。流れの速い所を好む魚もいれば湧水を必要とする魚、そして産卵に特殊な場所を必要とする魚と、さまざまな環境があるからこそ多くの種類の魚が生息できるのです。

それでは、実際に川で魚つかみをするときにはどこを探せばよいのでしょうか。まず探す所は、川岸に生えている植物の根元付近です。川に入って目の前をさまざまな大きさの魚が泳いでいく

のを見てしまうとついそれを追いかけたくなりますが、水中を素早く泳ぐ魚をつかむためには投網《とあみ》などの道具を必要とします。それよりも、泳いでいった魚がこっそり隠れている所を探したほうが魚はつかまえやすいのです。

川岸の植物の間は、植物の茎や根が複雑に絡み合っているため鳥や人間の目から逃れられます。また、魚のエサとなるエビや水生昆虫などもたくさんいるので、隠れ家としてだけでなくエサ場にもなっているのです。そして、こういう所は魚の産卵場所でもあります。そのため、川岸の植物の間ではいろいろな種類の魚をとることができ、魚以外の生き物にもたくさん出合うことができます。

川岸に植物が生えている場合は、まずその付近から探してみましょう。流れの速い場所ではカワムツやオイカワ、ムギツク、ギギといった

ヨシの繁る辺りや水草の陰に魚は隠れている（撮影：中島経夫）

魚、流れの穏やかな場所ではフナやタナゴの仲間やヨシノボリ、モツゴ、ドンコといった魚がつかめます。

では、川岸に植物が見あたらないときはどうすればいいでしょうか。その場合も、やはり魚が隠れていそうな場所を探します。川岸のえぐれている場所、岩の陰、石の下、倒木の陰、水草の間、コンクリートブロックの陰など、とにかく何かの物陰や周りと様子の違う所を探します。とくに、大きめの石の下は要チェックです。流れの速い所ではアカザなどの魚を見つけることができるかもしれません。

となると、何も隠れるものがない所には魚はいないのでしょうか。たとえば、一面の砂地や泥地はどうでしょうか。実は、そんな所に潜って隠れている魚たちもいるのです。泥地であればドジョウ、砂地であればカマツカやシマドジョウといった魚を見つけることができます。また、ヨシノボリやアジメドジョウなどのように、あまり隠れずに川底を動き回っている魚たちもいます。

どこにでもあるわけではありませんが、増水したときには本流とつながるけれども、普段は本流から切り離されている水たまりのような場所（タマリ）も魚つかみには最良の場所です。狭い場所に、たくさんの魚が取り残されている可能性があるのです。とくに、春から初夏にかけてのタマリでは、さまざまな種類の稚魚がたくさん見つかると思います。

ここまで説明してきたように、川で魚を探す場合は、基本的に魚の隠れている場所を探してみることです。ですから、きれいに護岸されていて流れが直線的な川や、魚が隠れられる場所もなく、川岸に植物が生えていない川では魚を探すことが難しくなります。魚つかみをする以上、やはりつかめないとおもしろくありません。そこで、最初は草が生えていたり、流れが蛇行している川で魚つかみをすることをおすすめします。そして、さまざまな所にどんな魚がいるのかが分かるようになると、さらに魚つかみがおもしろくなると思います。

こんな所を探してみよう——水路

今度は水路での魚の探し方です。水路と言っても、比較的自然の状態に近い水路もあれば、両岸がコンクリートなどで固められた二面張りや、底までコンクリートで固められた三面張りのものとさまざまです。いずれにしても、水路は人工的に造られたものなので、自然の川よりも変化に乏しく魚の種類も限定されますが、川幅が狭く水深が浅いことが多いため、安全に魚つかみをすることができます。

護岸がコンクリートでない水路には川岸に植物が生えている場合が多く、魚や生き物が比較的多く生息しています。そして、水路の規模もそれほど大きくないため安心して魚つかみができます。川岸に茂っている植物や水草の間などを中心に探してみてください。ある程度の水深があり、植物がたくさん生えている場合はさまざまな種類の魚をつかむことができるでしょう。水深が五センチメートルほどで、ほとんど水草が生えていない水路でもあきらめる必要はありません。泥のなかにドジョウが隠れているかもしれませんし、そんな場所だからこそメダカが残っているかもしれません。

一方、二面張りや三面張りの水路の場合は川岸に植物がほとんどありません。しかし、水路のなかに土砂がたまって水草が生えていることがありますので、その周囲から探してみてください。水草が生えていない場合は、水路のなかに魚が隠れる場所がないかを探してみてください。コンクリートブロックの下、岩や石の下、橋の下で陰になっている所などです。また、暗《あん》渠《きょ》(1)のなかにも魚が隠れていることがあります。最近では、生き物が隠れられるように護岸にくぼみが設けられていることもありますので、そのくぼみを探すのもいいでしょう。

(1) 道路の拡幅などのためにフタをされた水路。

底が自然のままの水路。水草の陰などに魚が隠れている（撮影：中島経夫）

三面コンクリート張りの水路は環境がほとんど一様ですので、逆に何か違う環境があるとそこに魚が集まって隠れていることがあります。ポツンとある大きめの石、打ち捨てられたゴミ、コンクリート片、土砂のたまった部分などがあったら、その周囲にはおそらく魚が隠れています。また、水路の曲がり角などに設置されている泥溜め用の桝《ます》の部分は周囲より深くなっているので、冬場には越冬場所として魚が集まっていることがあります（一八九ページの写真参照）。冬であれば、こんな所も探してみてください。

水路での探し方と言っても基本は川と同じで、魚が隠れていそうな場所を探していくことになります。まずは、家の近くの水路から魚つかみをはじめてみてください。

橋の上から魚を見分けるコツ

「おっ、なんか魚がおる！　キラキラ光ってきれいなあ。なんやろ、あれ。アユかな」

橋の上で、こんな会話をした記憶はありませんか。川や水路があると、ついのぞいてみたくなるものです。実際に、川や水路に入る前に橋の上からのぞいてみましょう。

「あれは背鰭《せびれ》の前にダイダイ色の斑紋があるから、カワムツやね」とか「あの頭の形は、コイじゃなくてニゴイ」などと、さっと見分けることができればちょっとカッコイイかもしれません。

魚を見分けることに関しては達人がそろっているうおの会では、橋の上からの観察だけで何一〇分も盛り上がってしまうことがあります。ここでは、そんな水面からの魚の見分け方を紹介していきます。

ウグイ――桜の咲くころ、群れで琵琶湖から川をのぼる、二〇から三〇センチメートルほどの太い魚です。春先、湖西を流れるきれいな川の河口近くの橋に立つと、一〇尾ほどの集団で産卵のために上流へ向かう姿が見られます。産卵しようとするウグイは大きく、三〇センチメートルほどのものも混じります。赤、黒、橙色で塗り分けたような特徴的な婚姻色も見分けるポイントです。

アユ（コアユ）――春から夏、琵琶湖の湖岸や川で見かける密度の濃い小魚の群れがそうです。アユは群れで固まりながら円を描くように泳ぎ、ときどき湖底（川底）の藻類を食べるためキラッと光ります。背中は濃い茶色か黒に見え、泳ぎ方がとてもしなやかで、覚えてしまうと見分けるのは簡単です。秋には琵琶湖に注ぐ川の河口に集まり、真っ黒になって重なり合いながら産卵する様子を見かけることがあります。

オイカワ、ハス――初夏から夏、浅い川の開けた場所を縦横に泳ぎ回る小魚がオイカワです。このオイカワと似た動きをするのですが、ふた回りぐらい大きい、三〇センチメートルほどの魚がハスです。オイカワとハスは産卵期が近づくと琵琶湖から川を上ってきて、中流から下流の流れのある開けた場所でとにかく高速で泳ぎ回ります。オイカワはオスで一五センチメートルぐらい、ハスだと三〇センチメートルに達するものもあります。体色は青みがかった灰色で、オスは立派な鰭《ひれ》が目立ちます。

カワムツ、ヌマムツ――川や水路の淵などにいて、水面をうかがう一五センチメートルぐらいの魚です。両種とも背鰭《せびれ》の前にダイダイ色の斑点があり、これさえ覚えておけばすぐに見分けられます。体はオイカワより丸みを帯びています。ちなみに、カワムツとヌマムツはそっくりなので、水面から見分けるのはちょっと難しいです。

コイ――川の下流や琵琶湖にいる、茶色から灰色の大きな体の魚です。大きなコイが水底のエサを探しながら泳ぐ姿はよく目立ちます。人工的に管理されている公園の池などでもおなじみの魚ですが、野生のコイは案外警戒心が強く、なかなか姿を見せません。

ニゴイ――初夏、川底を口でほじくりながら数尾の群れで移動する、細長い大型の魚です。ニゴイはコイよりもかなり細長く、とがった顔をしています。五〇センチメートル以上もある大型のニゴイが数尾の群れをつくり、砂底や砂利底の浅い川を泳ぎ回る姿がよく見かけられます。

ビワマス――一一月ごろに川をのぼる、サケの仲間の大型の魚です。秋、琵琶湖に流れ込む川で、サケかと思うような魚が川をのぼっていたらビワマスです。赤紫色の婚姻色が特徴的ですが、秋は禁漁のシーズンなので見るだけにしましょう（それに、産卵期のビワマスは美味しくありません）。

オオクチバス――湖岸や水路にいる、細長く、尾鰭《おびれ》の先が黒い魚です。オオクチバスは、背中と尾鰭の先が黒く見えます。動き方にも特徴があり、泳いでいる状態から胸鰭《むなびれ》を使って急にピタリと止まることができます。物陰で、ブルーギルと一緒に群れていることがよくあります。

ブルーギル――湖岸や水路で、水面のエサを「プチュッ」と音をたてて食べる平たい魚です。水面から見ると灰色っぽく、尾鰭のうしろは白っぽく見えます。オオクチバスと同様、急に止まることができます。好奇心が強く、石粒や木の破片を投げるとすぐに寄ってきます。この習性を利用して、直径五ミリメートルほどに丸めたパンなどを投げてみましょう。浮いているエサに寄ってきて、吸い込むように食べるときに「プチュッ」という捕食音が出ればまちがいなくブルーギルです。

水面から魚の姿かたち、模様などを詳しく見るというのはまず無理です。そのため、それぞれの魚の特徴的な動き方や群れ方をよく観察して覚えることが大切です。とはいえ、水面から観察するのにとても便利な道具があります。それは、先に紹介した偏光メガネです。一見するとただのサングラスのようですが、偏光グラスには水面の乱反射を軽減する機能があるため水中が非常に見やすいのです。釣具店などに行けば一五〇〇円程度で売っていますので、ぜひ使ってみてください。

タモ網の使い方と魚の扱い方

次は、実際に魚をつかむ方法とタモ網の使い方を説明します。トンボやチョウをつかまえるときは、追いかけて網を振ってつかまえますが、水中で魚をつかまえる場合はタモ網で追いかけてもつかまえることはできません。水のなかではタモ網を素早く動かすことができませんし、水中で泳ぐ魚のスピードは人間より格段に早いので、追いかけてつかまえるというのはとても無理です。では、どうすれば魚をつかまえることができるのか、その極意を教えましょう。

目の前に魚が泳いでいるのを見ると、つい追いかけたくなるというのが心情です。しかし、追いかけるのはちょっと我慢して、魚の隠れている場所をまず探しましょう。そして、隠れている所から魚を追い出してタモ網に追い込むのです。

その追い込み方は、まず魚が隠れていると思われる場所を見つけたら、そのすぐそばにタモ網を固定します。流れのある場所でしたら、タモ網のフレームが流れと直角になるように下流側に固定します。そのとき、網がフレームの部分にからんでいないか、また網が裏返っていないかを

タモ網の使い方（イラスト：手良村昭子）

必ず確認してください。そうしないと、せっかく追い込んだ魚が網の中に入ってくれません。そして、フレームは岸や水底、草の根元、障害物のすぐうしろなどにしっかりくっつけて、魚が網の脇を通り抜けないように隙間をできるだけ小さくします。タモ網を入れるときはできるだけ静かにして、追い込む前に逃げ出さないように注意しましょう。

タモ網を固定したら、上流側から両足でかく乱しつつ魚が隠れている場所からタモ網へと一気に追い込みます。川底の石や水草、川岸の水草など、何でも足で蹴ります。もし、川底が砂や泥だったら、足で掘りながらタモ網へと追い込みます。その場所に魚がいて、逃げ道がないようにタモ網がきちんと固定できたら、きっとタモ網の中に魚が入っています。

タモ網の中に魚が入っていたら、今度はその魚の取り扱い方です。まず、プラスチック水槽あるいはバケツに移して観察します。いずれにしても、魚をつかんで網から出さなければなりません。そのときに注意してほしいことがあります。

できるだけ、魚を水のなかに留めるようにしてください。また、魚をつかむときには、必ず手を水に濡らして、少し冷やしてからさわってください。乾いた手で直接つかんでしまうと、魚の表面の粘膜がはがれてしまいます。また、魚は変温動物なので体温は水温とほぼ同じですから、人の体温というのは魚にとっては非常に熱いということを忘れないでください。たとえば、水温一五度のとき、人間の体温との温度差は約二〇度になります。人間で言えば、五六度ほどの物体に触れるのと同じということになります。

そして、魚をつかむときはあまりギュッとつかまず、できたら網の裏側からそっと触れるように優しく扱ってください。もちろん、その場で逃がすときも同じです。できるかぎり、魚へのダメージを与えないようにしましょう。

こんな所に気をつけて

どんなに気をつけていても事故は起きるものです。とはいえ、避けられる事故はやはり避けたいものです。事故を起こさず、安全に楽しく魚つかみをするためにはどのようなことに気をつければよいかをここでは説明していきます。決して難しいことではありませんので、「こうしたらどうなるかな」、「この場合はどうしたらよいかな」と考えて、危険予知に努めるようにしましょう。

一例として、魚つかみをしているときに雨雲に囲まれたり、遠くで雷が鳴り出した場合について説明をします。

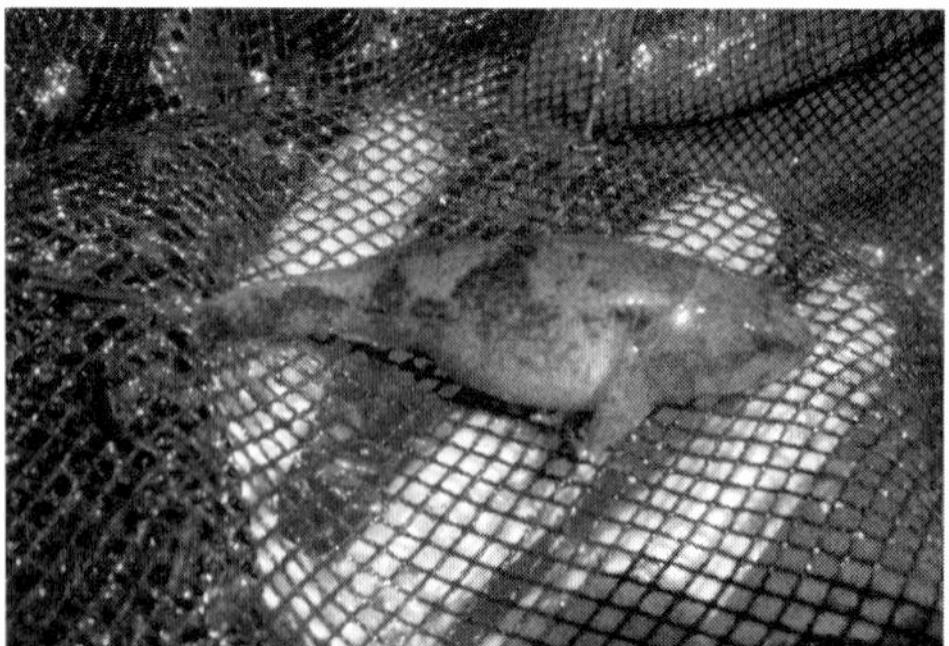

魚をバケツに移すときは、タモ網の裏側にそっと手を添えて（撮影：うおの会）

魚つかみをしている所は水かさが少なくて危険と思わないかもしれませんが、上流では激しい雨が降っている可能性があります。急に水が濁ったり、樹木の切れ端などが流れてきたりしたら危険信号です。ひょっとしたら急に水かさが増すかもしれませんので、上流にあるダムの放水など周囲の状況に目を光らせ、その変化に気づいて正しい判断をする必要があります。

また、危険を予知するためには、魚つかみをする場所がどのような所なのかを、事前に十分知っておく必要もあります。川は常に同じ表情をしていないということを忘れず、川に入る前に次に挙げる四つについて川岸から点検してください。

❶流れの速い所はどこか。
❷深みはどこか。
❸川へのアクセスをどうするか。
❹底の状態が分かりにくい所はどこか。

先にも述べたように、流れの速い所や深みに近づいてはいけません。すぐに道路に上がれるかどうか、川や水路からのアクセスについても確認してください。水面から道路や川岸までの高低差が大きい川や水路では、いったん川に入るとすぐに上がれない所もあります。そういう場合は、ハシゴなどを用意して川に入らなければいけません。さらに、水が濁っていたり、水草で覆われていたりすると川底の状態が分かりにくくなることも忘れないでください。危険なものが落ちていたり、泥地に足がとられて抜けなくなったりするときもあります。これらのことを、川に入る前に川岸から必ず点検してみてください。

そのほかにも、知っておかなければならない川や水についての知識があります。水の屈折率は空気より大きいために浅く見えますが、実際に入ってみると思ったよりも深いことがありますので注意が必要となります。

水の力についても説明しておきましょう。水の力は私たちが思っている以上に大きいものです。一立方メートルの水の重さは約一トン（一〇〇〇キログラム）もあるのです。もし、その川が一秒間に一メートルの速さで流れているとして深さが腰あたりだとすると、身体の幅が三〇センチメートルぐらいの人であれば一秒間でのべ三〇〇キログラムに相当する水に押されることになります。このような水に押し流されると、いくらスポーツ万能の人でも自由に身体を動かすことはできません。そのうえ、服を着て、網を持ち、滑りやすい足元という状況を考えればなおさら身体を自由に動かすことはできません。水の力の恐ろしさを十分に知っておいてください。

川の流れを観察して、川の表情を見てください。川のなかは一様ではなく、所によって流れの速さが違っています。また、浅い所や深い所があります。少し難しい言葉になりますが、川は「平瀬」、「早瀬」、「淵」の組み合わせで構成されているということです。

平瀬では水面にさざ波が立っていますが、川底は見えます。平瀬から早瀬にかけて流れが急に速くなります。早瀬は流れが速く、泡が巻き込まれて白波が立っています。川底の様子が分かりにくく、浮石がゴロゴロとしていて転びやすいので早瀬には近づかないようにしましょう。そして淵は、川底が深く掘れ、流れはゆっくりですが、砂や泥などがたまっています。このような淵の深みに魚は隠れていますが、底の泥に足をとられたりするので近づいてはいけません。

一方、川岸は流れが緩やかで砂や小石が敷きつめられ、場所によってはヨシなどの水草が生い茂っています。魚つかみをする場合は、このあたりの水草の間に隠れている魚をつかむのが一番です。

また、対岸に行く場合も注意が必要です。流れのある川の真ん中は流れも速く深くなっていることがありますから、安易に横切ってはいけません。どうしても対岸に行ってみたくなったときは、川の表情をよく見て平瀬を渡るようにしてください。滑らないようにすり足で、流れ

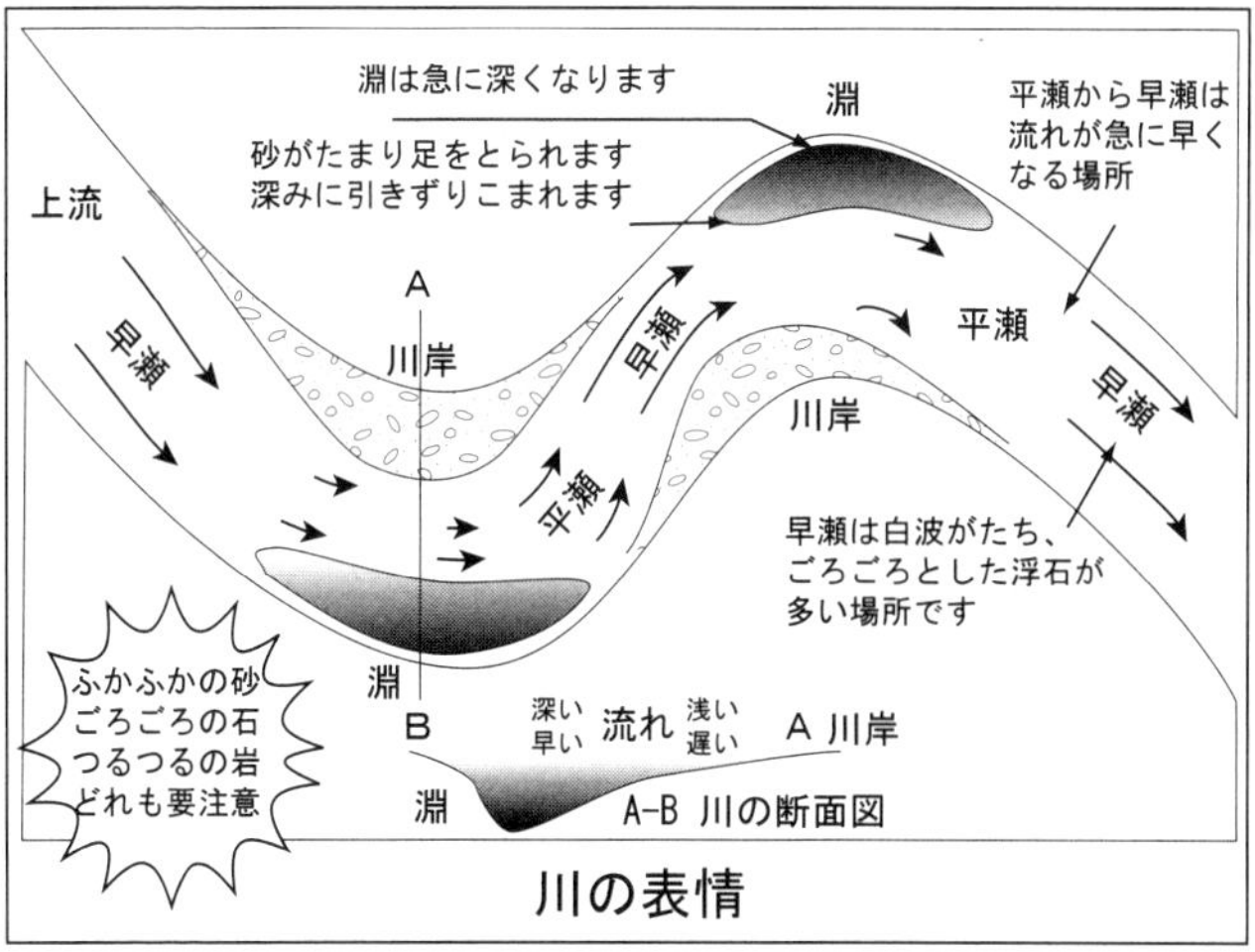

「平瀬」、「早瀬」、「淵」からなる川の構造

に逆らわず上流に向かって斜めに横切ります。

次に、川で魚つかみをするときに注意しなければいけないことや、してはいけないことについていくつか説明します。

川底にはソウ類やコケが生えています。そのコケを踏むと滑りやすいということを覚えておいてください。石の上や堰堤《えんてい》(2)ではとくに滑りやすく、足をとられることがあります。また、砂地も恐ろしい所で、よく足をとられて、あせればあせるほど動けなくなってしまいます。とくに、傾斜している砂地の場合は、表面が崩れると同時に深みにはまってしまうということにもなります。

うっそうとヨシが茂っているような所にわざわざ入っていく人はあまりいないと思いますが、万が一入る場合はヨシの切り株に注意が必要となります。長靴でさえも穴が開いてしまうことがあるのです。また、泥が深かったり、浮島のようになっていたり

こんな所に気をつけて

する場合が多いので、基本的にはうっそうとしたヨシ原のなかには入らないようにしましょう。

前述したように、長靴の中に水が入ると足が重くなって自由がきかなくなります。さらに、ウェーダー（胴付長靴）の中に水が入るとより危険になります。ウェーダーを着た状態で川のなかで転倒して水が入ってしまうと、足先の空気が抜けないために両足が浮いてしまって頭が水のなかに沈んでしまうのです。泳ぎの上手な人でも溺れてしまいますので、ウェーダーを着て流れのある川に入るときにはライフジャケットを装着しましょう。

そして、一番重要なことが、一人で魚つかみをしてはいけないということです。魚つかみをすると、つい夢中になってしまって周りのことに配慮ができなくなり、友達が深みにはまっていても気がつかないことがあります。二人でやっていてもこういうことがあるわけですから、魚つかみは数人で、互いに声をかけあいながら楽しむようにして

（2）土砂を貯めたり、取水用に水を溜めたりするために川を横断するように造られた堤。

ウェーダーをはいて転倒すると足が浮いてしまって危険（イラスト：手良村昭子）

砂地に足をとられないように（イラスト：手良村昭子）

ください。言うまでもないでしょうが、小さな子どもは必ず大人と一緒に魚つかみをしてくださ い。

元気いっぱいのときに川に入っても事故は起こります。体調がいいからと言って冷たい水のなかに長い間つかっていると、低体温症になることがあります。冷水に体温を奪われてしまうのです。低体温症になると急激に体力が低下し、身体の自由がきかなくなるので、魚つかみを長時間する場合は十分な注意が必要となります。体調は表情に出ますので、お互いの体調を見ながら「やめる勇気」をもつことが大切となります。

もし、川に落ちたり転んだりして流されてしまい、溺れそうになったらどうしたらよいでしょう。考えている余裕などはないでしょうが、まずは落ち着いてください。「人間は浮かぶことができる」のですから、まず冷静に落ち着いて行動します。ひょっとしたら、川底に足が触れて立つことができるかもしれません。その場合はゆっくり立ち上がります。パニック状態になると川底に足が触れていることにも気づかず、次第に深みに流されてしまうことになります。

足が川底につかなかったら浮かぶ努力をします。まず、川下のほうを向きながら川の様子をよく見てください。流されていく方向に、つかまることができるものがあるかもしれません。とにかく落ち着いて、川岸に近づくようします。むやみにバシャバシャしたり、パニックを起こしてしまっては助かりません。こんなときこそ、冷静に状況を見極めるだけの余裕が必要なのです。

次は、溺れている人を見つけたときの対処方法です。まず、溺れている人から眼を離さないで大声で助けを呼びましょう。助ける場合は、川岸からロープやシャツ、棒や板など、つかまれそうなものを差し出します。手を伸ばして助けるときは、頑丈なものにつかまるか、岸から腹ばいになって手を伸ばします。立ったままでは一緒に水のなかに落ちてしまいます。テレビドラマなどでは溺れている人を助けるために泳いでいくシーンがありますが、溺れかけてパニックを起こしている人に近づくと一緒に溺れてしまうことがあります。泳ぎに自信があっても水のなかには飛び込まず、岸から救助をするようにします。溺れた人などへの救急処置については、第2章の「安全と事故への対応」（九七ページ）を読んでください。

こんな生き物に気をつけて

自然が豊かな所にはさまざまな種類の生き物が棲んでいますが、そのなかには人間に危害を加える生き物もたくさんいます。これらの生き物は、人間に危害を与えるために襲っているのではなく、自己防衛のためにとっている行動だということを知っておいてください。ですから、追い払おうとすればするほど「攻撃されている。すみかが侵される」と思って襲いかかってくるのです。このような生き物に対しては「君子危うきに近寄らず」、そっと退散するのが一番です。では、どんな危険な生き物がいるかを以下で紹介していきます。

マムシ――本土に棲む代表的な毒ヘビで、田んぼの畦《あぜ》や湿気の多い所に生息しています。夜行性ですが日光浴をしているときもありますし、見えにくい場所に潜んでいることが多いので、そのような場所ではゆっくりと歩き、前方を長い棒や杖で地面を叩きながら進みましょう。そうすれば、逃げていくことが多いです。マムシは、近くを通りかかると振動や人の体温に反応して跳びかかってきて噛みつきますので、半ズボンのときはなどはとくに注意が必要です。噛まれると死亡する場合がありますので、かまれたらすぐに止血をして、病院で手当をしてもらいましょう。

ヤマカガシ――あまり危険な生き物ではありませんが、水田や湿った場所にヤマカガシがいます。ヤマカガシは二か所に毒をもっています。一つは、首の皮膚の下にある毒腺です。つかむと毒が染み出してきますが、目に入ると大変痛いので気をつけてください。一般的には、生きているヘビをつかむときには首を押さえつけることが多いのですが、ヤマカガシの場合はこの毒腺に気をつける必要があります。もう一つは、上顎の奥にある毒牙です。軽くかまれた場合はこの毒牙でかまれることはないので大丈夫ですが、かまれたまま

マムシ（撮影：高田昌彦）

ヤマカガシ（撮影：高田昌彦）

にしておくと奥に飲み込まれ、毒牙に触れることになってしまいます。(3)

スッポン――防御反応が強く、近づくだけでかみつこうとします。甲羅《こうら》が軟らかく首が長いので、甲羅をつかんで持ち上げたりすると指に噛みついてきます。無理に抜こうとすると指を食いちぎられることもありますので、スッポンにかまれたら慌てずに、そのままスッポンをそっと水のなかに戻します。たいていの場合は泳いで逃げていきます。

ヒキガエル――「たらあり、たらり」と流れるガマの油は、大坂の役（一六一四年、一六一五年）のときに山野草などと練って皮膚剤として使われたという逸話が残っていますが、実はこの体液は、ヤマカガシの頸部にある毒と同種の神経毒なのです。皮膚や粘膜を刺激して炎症を起こし、場合によっては幻覚作用まで起こしますので、うかつには触らないようにしましょう。まず、ヒキガエルを食べるという人はいないでしょうが、激しい腹痛、下痢、嘔吐、心拍数の急上昇などを起こして死に至ることもありますので決して食べないでください。

イモリ――毒性は強くありませんが、フグに似た毒をもっています。危険を感じると皮膚から白くて臭い体液を出します。その粘膜に触

(3) これら以外にも、奄美諸島や沖縄にはマムシと同じ仲間のハブがいます。非常に攻撃的で猛毒をもつ危険性の高い大型の毒へビです。石垣や草むらには近づかないようにしてください。

スッポン（撮影：村上靖昭）

れると炎症を起こすことがあるので、すぐに洗い流してください。

チスイビル――私たちの周りにいるヒルのなかで、人の血を吸うのはチスイビルとヤマビルだけです。チスイビルは泳ぐ力が強く、エサとなる動物を見つけるとそっと泳ぎ寄って皮膚に食いつきます。血液が凝固しないような液を出しながら血液を飲み込むのです。噛まれてチスイビルをはがしたときには血が止まりにくくなっていますから、しっかりと血止めをする必要があります。

魚の棘――棘《とげ》をもつ代表的な魚と言えば、胸鰭《むなびれ》と背鰭《せびれ》に棘があるアカザやギギといったナマズの仲間、そして背鰭や臀鰭《しりびれ》に棘があるコイやフナ、ブルーギルです。これらの魚の胸鰭や背鰭には注意をしなければいけません。アカザを握ったときに胸鰭にさされると、激痛を伴って手や指が腫れあがってしまいます。このことからアカザの棘には毒があると言われていますが、まだ確認されていません。棘のある魚に触るときには、棘を逆立たせず、鰭を前方からたたむようにそっと手を添えてください。

ハチの仲間――ハチのなかでも、とくに獰猛《どうもう》で危険なのがスズメバチです。刺されると死亡する場合があります。木の洞や軒下など、直接風雨にさらされない場所に大きな巣をつくっています。とくに水辺では、橋桁の下、石垣の隙間、土手の草むらに隠された土の穴などに注意が必要です。ハチの姿が見え、カチカチと音が聞こえたら要注意です。黒いものを狙って攻撃してきますので、

スズメバチ（撮影：高田昌彦）

頭と眼を守りながら静かに退散しましょう。とくに、秋は攻撃性が強くなります。

スズメバチと同様、体が大きくて羽音の大きいクマバチも獰猛な印象がありますが、巣を荒らさないかぎり人を襲うことはありません。毒性も弱く、刺されても重症になることは少ないです。むしろ、ミツバチが集団で巣を守るために襲ってくる場合がありますので気をつけましょう。同じくアシナガバチも積極的には襲ってこないのですが、羽休めのためか人の体に止まることがよくあります。そのとき、不用意に払ったり触ったりすると刺されることがありますので注意してください。

いずれにしても、ハチに刺されると大変痛いです。スズメバチ以外であれば軽症ですみますが、二回目以降に刺された場合は、稀《まれ》に全身にアレルギー反応のアナフィラキシーショックを起こして重症化する場合がありますので、刺されたら早めに医師の診察を受けてください。

ドクガの仲間――代表的なドクガと言えば「チャドクガ」と「イラガ」です。ともに幼齢時には数十匹がまとまって行動するため、短い期間に一枝の葉を食べつくすこともあります。レース状になった葉や食害された葉をたくさん見つけた場合は、ドクガがいるか、もしくはいた痕跡だと判断してまちがいありません。決して、その木に近づいたり、揺すったりしないようにしましょう。とくに、チャ

イラガの幼虫（撮影：中尾博行）

ドクガの幼虫は葉につかまっている力が弱いので、幹や枝に衝撃があると簡単に落ちてきます。チャドクガは、生涯を通じて毒針毛をもっています。また、脱皮した抜け殻にも毒針毛が残っていますので、知らないうちに着衣に毒針毛がついていることもあります。もし、刺されると、二～三時間後に赤くはれあがって発疹のようなかぶれが生じます。放っておくと、全身に広がって発熱や目眩《めまい》を起こすことがありますし、一回刺されると抗体ができてアレルギー反応を起こすこともあるので、なるべく早く医師の診察を受けてください。

イラガは多くのトゲをもち、刺されると電気ショックを受けたような痛みを生じることから「デンキムシ」とも呼ばれています。痛みはかなり強く一時間くらいつづき、水泡状の炎症も生じるほかかゆみも一週間程度つづきます。

ドクガに刺されたときは、まず流水で時間をかけてていねいに洗い流すことです。それでも残っている針があるので、ガムテープなどでそっと取り除きましょう。そのとき、決してこすってはいけません。こすると皮膚内に入り込んでしまいます。針を取り除いたあとに市販の抗ヒスタミン系軟膏を塗りますが、症状が重い場合は医師の診察を受けてください。

ムカデ――ムカデにかまれると、ハチに刺されたような激痛が走ります。日本では噛まれて死ぬことはないようですが、失神することがあるようです。踏みつけられたりつかまれたりすると大変凶暴になり、手当たりしだい噛みつきます。土手や湿気の多い石の下などに生息しており、多くは夜行性ですが驚いて出てくることも多いです。皮膚上を這っている場合は払い落とさず、逃げ道をつくってあげて退散させましょう。噛まれてしまったときは水で冷やし、抗ヒスタミン系のステロイド軟膏を塗るのが効果的ですが、薬剤による副作用もあるので医師の診察を早めに受けましょう。

そのほかの毒虫――カやブユ、アブのように、自身の栄養源として人や動物の血液を吸うために襲ってくる虫も多くいます。ブユのように半日から一日たって炎症が現れるものから、アブのように刺された瞬間に激痛を伴うものもいます。皮膚の露出部分はもちろんのこと、薄い靴下やシャツの上からでも刺してきますので、首にタオルを巻いたり、厚手の衣服を身にまとうようにしましょう。虫除けスプレーなどをあらかじめ塗布しておくことも効果的な予防策です。

夕方から夜間には、光に誘われて出てくるアオバアリガタハネカクシとの接触による皮膚炎もよく起こります。毒性をもつ体液で覆われており、触れてから数時間後に痛みや膿疱《のうほう》や灼熱感が生じます。直接手で触れず、殺虫剤で駆除しましょう。

ウルシの仲間――ウルシやツタウルシ、ヤマハゼ、ハゼノキなどによるかぶれは「アレルギー性接触皮膚炎」と言われるもので、ウルシに含まれる「ウルシオール」と呼ばれる物質が体内に入ったときに過剰反応してかぶれを起こし、発疹や腫れがひどくなってしまいます。触れてもすぐに症状は出ず、徐々に強くなって二日ぐらいたってから一番重くなることが多いです。また、直接接触した所以外にも症状が出ることがあります。一度かぶれるとその後もかぶれやすくなったり、皮膚の弱い人であれば近づくだけでかぶれることもありますので、草むらや灌木《かんぼく》のそばを歩くときには注意が必要です。そして、ヤマウルシやヌルデなどにも注意をしてください。ウルシほど強くはありませんが、同じくかぶれます。

ウルシ以外にも、イラクサのように葉や茎の表面にある刺毛《しもう》に接触するとかぶれを起こすものがあります。これらはウルシのようなアレルギーによるものではなく、その植物に貯えられているヒスタミン系などの毒性物質が皮膚に注入されるからです。それ以外にも、バラ科やキク科の植物の棘《とげ》が刺さって炎症を起こすことがありますので、草むらなどを歩くときには皮膚の露出部分を少なくしてください。

第3節 魚つかみが終わったら

魚つかみの記録を残そう

魚をつかんだときの印象、「どのくらいの大きさだったかなあ」、「何色だったかなあ」ということや「魚が元気よく暴れていた」などの感想を手帳に書いて残しておくと、あとで思い出すきっかけにもなります。慣れてきたら日記として、日時をはじめとしてその日の天気やとれた生き物、そしてとれた場所の様子を文章や絵にして残してみてください。記録に残すことによって、「魚つかみ」の楽しみが一層増すようになります。このように思い出を残せば、あとで読みなおしたときにたくさんの再発見が期待できます。

さて、記録には文字で書き残せないこともたくさんあります。そんなときに便利なのが写真です。魚つかみをした川や、その周りの様子を写真に撮っておきましょう。カメラは、デジタルカメラや携帯電話のカメラで十分です。水辺で使うわけですから防水機能のついたカメラが望ましいですし、ＧＰＳで位置情報が記録できるカメラならなお結構です。

そして、魚つかみをはじめる前に、周りの様子や水辺に生えている植物なども撮影しておくとさらによい記録となります。もし、名前の分からない魚や水生動物などがいても、それを写真に撮っておくとあとで詳しく調べることもできます。

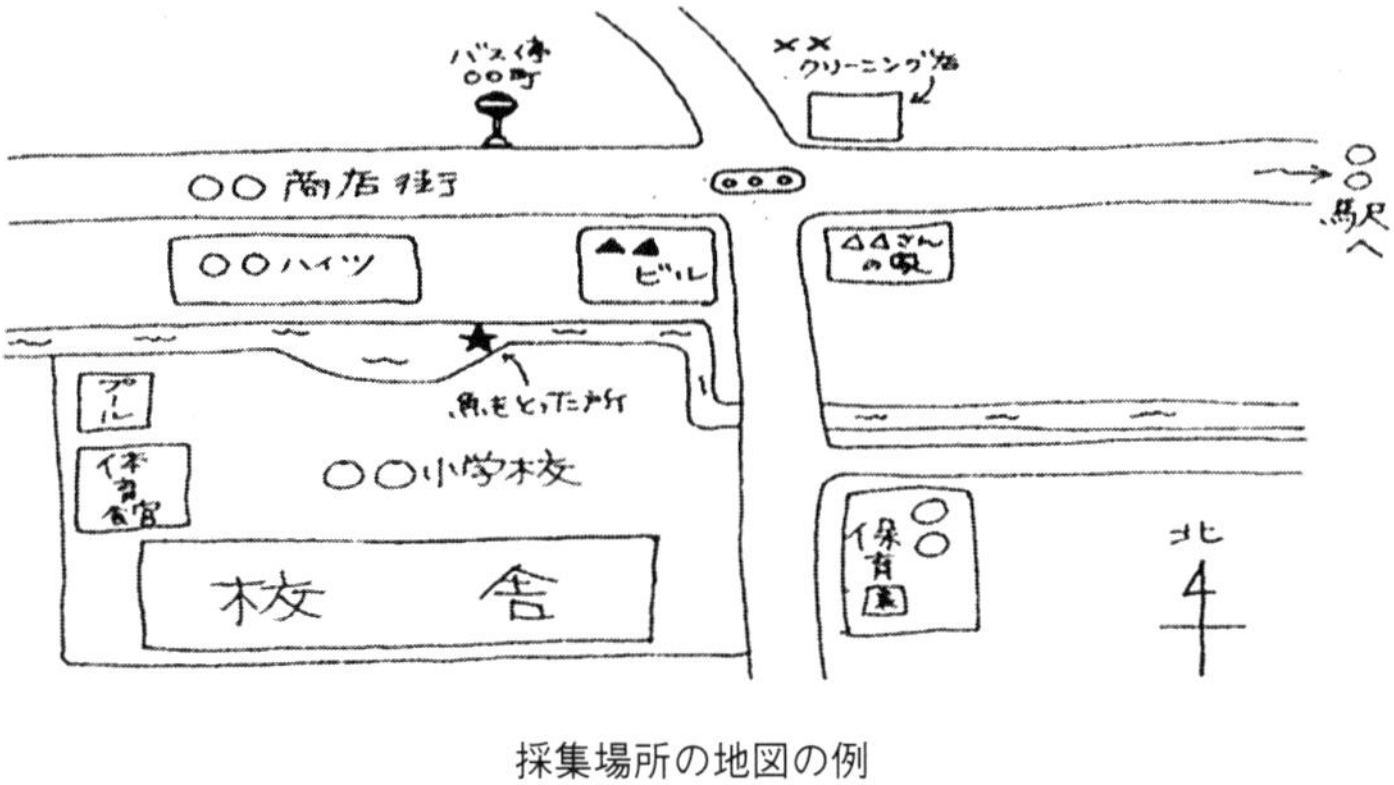

採集場所の地図の例

それでは、魚の写真を撮るときの三つのポイントを説明します。

①魚の全身写真を撮る――写真を撮る場合には、「その魚がどのような魚であるか」ということを記録するために、頭の先から尾の先までの全身の写真を撮っておく必要があります。というのも、ある特定の部分だけでは種類を同定することが難しいからです。

②大きさの分かるものを置いて写真を撮る――魚を見るときは左体側で見ます。頭を左に、背鰭《せびれ》を上に向けて写真を撮っておきます。そのときに、撮影した魚がどのような大きさであったかを記録するために、物差しやメジャーなどの目盛が入っているもの、もしくは大きさが分かるものを魚の横に置いて撮るようにしましょう。

③特徴的な形質（鰭《ひれ》や追星《おいぼし》、婚姻色など）に焦点を当てて撮る――全身の写真だけでは鰭の条数などが分かりません。背鰭と腹鰭だけを撮影しておくと、あとで種

魚のサイズが分かるようにスケールを入れて撮影
（撮影：高田昌彦）

類を調べるのに役立ちます。繁殖期などの時期には、コイ科の魚などは体のさまざまな部位に特徴的な形質（追星や婚姻色など）が見られます。そのような特徴が見られる個体については、全身の写真だけでなくそれらの特徴的な部位に焦点を当てた写真を撮っておくと、魚の種類だけでなく、どのような特徴があるのかということを検証するうえでも重要な記録となります。

これらの三つのことに注意して写真を撮ってみましょう。また、実際に写真を撮るときには、魚体を傷つけないようにしなければなりません。そのために、撮影用の水槽のつくり方を次に説明します。もし、水槽やトレイに入らないような大型の魚の場合は、なるべく魚を傷つけないように、川岸などの浅い場所や、水を流して湿らせた草の上などに置いて写真を撮ってください。

婚姻色が出たオイカワの追星（撮影：水戸基博）

魚を撮影する水槽をつくる

写真撮影用の水槽をつくる場合は、魚が動けないように薄く小さいもので、魚のサイズに合わせていくつかのサイズのものをつくっておくと便利です。よく使う水槽のサイズは、長さ一八、高さ一二、奥行三センチメートルの小さなもので、市販のアクリル板を加工してつくります。魚が飛び出さないように上部には蓋《ふた》をかぶせます。

具体的なつくり方ですが、つくる水槽のサイズに合わせてアクリル板を切断し、接着する面を平らで滑らかに加工すれば、接着剤を流し込むだけで簡単に接着できます。側面や底に厚めのアクリルを使えばさらに接着が容易になります。接着が不完全だとその部分から水が漏れ出しますので、シリコンのシーリング材やバス用

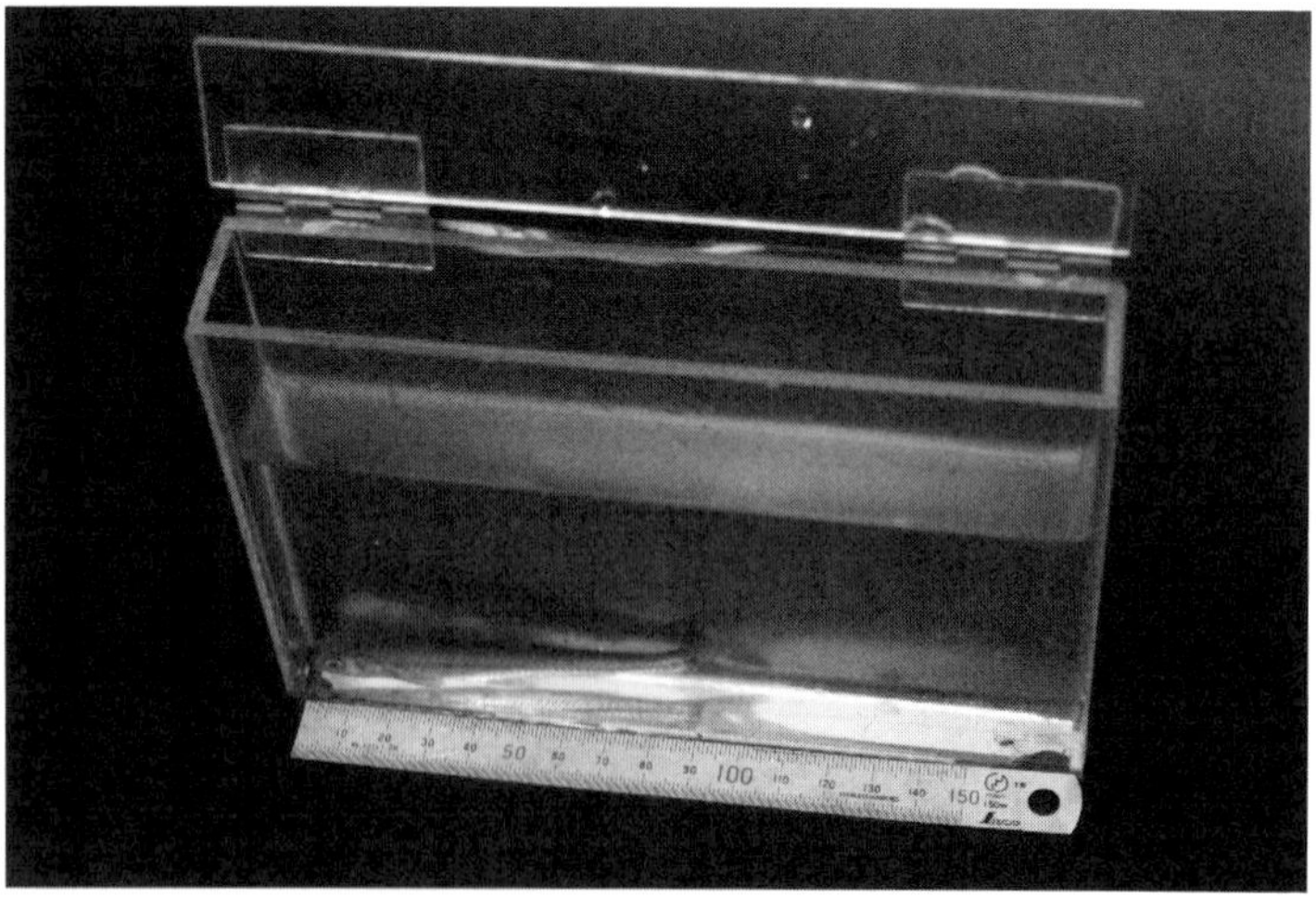

写真撮影用の水槽（撮影：手良村知央）

のボンドなどを隅に塗布して水漏れを防ぐことになりますが、接着がじょうずにできればシーリング材などは不要です。また、背面に白か青の不透明な板をはめ込んでおけばバックの映り込みがなくなりますし、物差しをセットしておけば撮影した写真から魚のサイズを調べることもできます。

アクリル板は傷つきやすいので、市販の透明シールを貼って傷防止加工を施せば万全となります。このような撮影水槽をつくって、つかんだ魚の写真コレクションをつくるのも楽しいものです。

調べるために持って帰るなら

魚がたくさん泳いでいる小川や水路は、いつまでも残したいものです。そのためにも、魚つかみが終わったらその場所に魚を帰してあげましょう。「つかまえた魚は、そのときにその場で放す」、それが魚つかみを楽しむためのルールとなっています。でも、つかまえた魚をもっと詳しく観察したい、名前などをじっくり調べてみたいと思うこともあります。そんなときは魚を持ち帰ることになりますが、その際に魚を死なせてしまってはかわいそうですので、持ち帰る方法を簡単に紹介します。

たくさんの魚をつかまえたときにはどうしても全部の魚を持ち帰りたくなりますが、家で飼える数や容器の大きさを考えて、必要最小限の数にします。持ち帰るための容器ですが、魚が飛び出したり水がこぼれたりしないように必ず蓋《ふた》のあるものにして、できるかぎり大きいものにしましょう。フタ付きのバケツやクーラーボックス、ポリタンクなどがよいでしょう。さらに、携帯用のエアーポンプがあればよいのですが、ない場合は持ち帰る数をできるだけ少なくします。というのも、とくに夏場は温度が高くなって酸素不足になりやすいため、魚の数には気をつける必要があるのです。その意味では、密閉ができ、温度変化の少ないクーラーボックスがおすすめです。また、魚を持ち帰るときの注意として、サイズの違う魚を一緒に入れないようにしてください。小さい魚が食べられてしまうことがあります。

持ち帰った魚の名前を調べたり観察したりしたあとは標本にするか（「コラム・魚の標本のつくり方」一〇八ページを参照）飼育をするわけですが、その場合は最後まで責任をもって飼育してください。飼育ができなくなったからといって、絶対に近くの川などに放してはいけません。棲んでいた川と近くの川の水質が違っていたり、エサなどがなかったりして生きられない場合や、その魚を放流することによって、その川や池の生態系を変えてしまうこともあるのです。

では、元の場所（魚をつかんだ場所）に放せばいいのかというとこれもだめです。飼育している間にほかの魚がもっていた病原菌に感染している可能性があり、その魚を放流することによって病原菌をばらまいてしまうことがあるのです。つかまえた魚を飼育するということは、その魚を殺したのも同じだと思ってください。どうしても飼えなくなったときは生ゴミとして処分するしかありません。その覚悟をもって、魚を持ち帰ってください。

つかまえた野生の魚を飼育することは、飼うために改良された金魚やニシキゴイを飼うのとはまったく違います。また、自然の環境を狭い水槽の中に再現することも大変難しいですし、病気も水槽の中ではよく発生します。その病気はすぐに伝染して、数日のうちにすべての魚が病気にかかってしまって全滅してしまうこともあります。野生の魚は自然状態でいつでも観察できるように、魚が棲める環境を守っていくことが一番大切となります。そのために、「つかまえた魚は、そのときにその場で放す」が魚つかみのルールとなっているのです。

魚のなかには、水槽で飼うことが大変難しい種類が少なくありません。たとえば、冷水性の魚や、カマツカなどのように水槽で飼育しているとだんだんと痩せてしまうという魚もいます。また、カムルチー（ライギョ）やナマズは、生きた魚をエサとして与えなければならないので飼うことは難しいと思います。それに、大きくなるので大型の水槽も必要になります。

飼育するときには、魚の組み合わせも考えてください。ドンコやヨシノボリなどのハゼの仲間やナマズ、ギギなどの魚は口に入る大きさの魚を食べてしまいますし、魚食性の魚は同じ種類でも口に入れば共食いをしてしまいます。また、エサが十分にないと大きな魚が小さな魚を食べてしまうこともあります。ヨシノボリは愛嬌がある魚なので飼育してみたくなりますが、大きな魚でもつついたりして弱らせてしまいますので、飼育する際にはその組み合わせに注意が必要となります。魚を飼うようになると珍しい魚を飼いたくなりますが、むやみに持ち帰ることはやめ、その魚が飼育してもよい魚か、飼えるものかどうかをよく確かめてください。

そして、最後の注意です。もちろん、天然記念物に指定されている魚や希少種はつかまえたり持ち帰ったりしてはいけません。家庭で水槽環境を維持できない冷水魚も飼育は無理ですから、必ず逃がしてください。ただし、特定外来生物に指定されている魚などは再放流することも飼育することも禁止(4)されていますので、心を鬼にして畑の肥料などにしてください。もちろん、魚に罪があるわけではありませんが、在来魚への影響、生態系の保全のためと思って処分をしてください。そのときには、人の勝手な都合で持ち込まれた魚の尊い命を奪うということを深く心に刻みたいと思います。

持ち帰り水槽をつくってみる

つかんだ魚を生かしたまま運んだり、一時的に生かしておいたりするために便利なミニ水槽のつくり方を紹介します。前述したように、クーラーボックスで代用が可能ですが、蓋《ふた》をすれば倒してても水がこぼれない気密容器をホームセンターやペットショップで探します。

魚を生かしたまま持ち帰るのにはできるだけ水量の多いものがよいのですが、持ち運ぶことを考えるとやはり小形のものが便利です。取っ手のついている果実酒用のガラス瓶なども便利なのですが、容器自体が重くて割れやすいので野外では不向きです。プラスチック製のものがやはりいいでしょう。

水槽となる気密容器が用意できたら本体に取っ手をつけます。一リットル程度の容器であれば総重量も一キログラム程度ですから、ハンガーなどに使われている針金などを曲げて容器の首の部分に取り付けます。次に、エアーレーション用のパイプとして直径五ミリメートル、長さ三〜四センチメートルのプラスチック製のパイプを用意します。ペット用品コーナーなどで水槽用のエアー配管用品として売られているパイプや、日曜大工用のプラスチック材料、バラエティ用品の硬質ストローなどで代用が可能です。

それを、容器の蓋の部分に直径四・八ミリメートルくらいの穴を開けて押し込みます。完全に密着すれば接着剤は不要ですが、ゆるい場合は蓋の内外からバス用ボンドで固定します。このパイプの内側に水槽用のシリコンチューブを通し、その先にエアーストーンを取り付けます。エアーは、電池式の携帯エアーポンプから供給します。

完全に密封すると内部のエアーが抜けないので、蓋の部分に小さな穴を開けて空気抜きをつくりま

(4) 滋賀県をはじめ一部の地域では再放流が禁止されていますが、外来生物法では、飼育は禁止されているものの再放流は禁止されていません。

持ち帰り水槽(撮影:手良村知央)

す。このとき、クリアファイルなどの薄いプラスチック板を蓋《ふた》の形状とサイズに合わせて切り抜いて内側のパッキング材とすれば、空気穴から水が漏れたり噴出したりすることはありません。発砲スチロールなどの市販の断熱ケースと組み合わせると夏の炎天下でも急激な水温上昇を緩和することができるので、魚の状態をキープするには非常に便利なものとなります。

このように、身近な材料を少し加工すれば大変便利な持ち運び水槽をつくることができます。

つかんだ魚を食べてみよう

琵琶湖の魚を食べるという営みは、人間が琵琶湖の周りに住みついた、はるかな昔からつづけられてきた行為です。琵琶湖周辺では、ほんの何十年か前まで日々の食卓に並べるために魚をとっていました。「オカズトリ」と呼ばれるこのような習慣はだんだん消えつつありますが、とった魚を食べることが魚つかみの大きな楽しみの一つでもあります。食べることで琵琶湖や川を理解し、大切にしようという心も生まれるのです。せっかく命をいただくのですから、美味しく食べましょう。しかし、希少種や禁漁期が定められている魚は絶対につかまえて食べてはいけません。

食べるための準備として、採集した魚は生かしたまままきれいな水に入れて持ち帰ります。コイ、ナマズ、ウナギなどは、水を換えながら二、三日生かして糞を出させます。大型魚で生かしておくのが難しい場合は、「活け締め」にします。とったばかりの魚が暴れて衰弱すると、旨み成分の一つであるATP（アデノシン三リン酸）が減少しますが、これを防ぐために神経を切断して絶命させ、ATPの減少を防いで鮮度を保つ方法のことを「活け締め」と言います。包丁やナイフを使って、エラ蓋のうしろの背骨を切断するというのが一般的な方法です。

そして小型魚は、傷むのが早く、時間がたつと腹の皮がやぶれて内臓が出てきますので、生かしておくか氷で冷やして持ち帰り、傷む前に調理してしまいます。魚のさばき方や詳しい調理方法については多くの本が出版されていますのでそちらに譲って、ここではよくとれる淡水魚の食べ方をご紹介します。(5)

小魚たち——アユ（コアユ）、オイカワ、ウグイ、モロコ類、ゴリ類などの小型魚は、天ぷら、から揚げ、あめ炊きなどの料理法が一般的で、よく熱が通っているために骨ごと食べることができます。モロコ類のなかではホンモロコだけが別格で、炭火でじっくりと焼いて醤油や酢醤油で食べるのがおすすめです。初めて食べたとき、コイ科にこれほどうまい魚がいたのかと感動したぐらいです。

---

(5) 滋賀の食事文化研究会編『つくってみよう滋賀の味』（サンライズ出版、二〇〇一年）、滋賀の食事文化研究会編『湖魚と近江のくらし——淡海文庫』（サンライズ出版、二〇〇三年）などを参照。

中・大型の魚――大きめのアユやハス、オイカワは塩焼きにしましょう。アユは初夏から夏、オイカワは「寒バエ」の呼び名のごとく冬が旬です。とくに、アユの塩焼きの香りはたまりません。同じく塩焼きで美味しいのが、三〇センチメートル[6]にもなるハスです。やや小骨が多いですが、骨切りをすれば気になりません。エビやアユを食べて成長するためか、とても美味しい魚です。

また、春から初夏に産卵のために川をのぼってくるウグイは、普通の煮付けのほかに味噌煮にしても美味しいです。ウグイも小骨が多いので骨切りをしたほうがよいでしょう。そして、梅雨のころに川をのぼってくるニゴイはあまり食べる人がいないと思いますが、薄くそぎ切りにしてあらいにし、山椒をそえて酢味噌で食べると意外に美味しい魚です。

コイ、フナ――コイとフナは、あらい、煮つけなどが一般的で、冬から早春の子持ちのものが最高です。琵琶湖でフナと言えば鮒寿司《ふなずし》ですが、つくるのには熟練の腕が必要です。滋賀県の各所で鮒寿司づくりの講習会も開催されているので、興味のある人はのぞいてみてはいかがでしょうか。ほかにも、卵をもったコイをぶつ切りにし

ホンモロコの塩焼き（撮影：中尾博行）

アユのアメダキ（撮影：水戸基博）

て甘辛く煮付けた「筒煮」や、フナやコイの刺身に卵をまぶした「子まぶし」も郷土料理として有名です。早春の琵琶湖を舌で味わうことができます。

マス類――アマゴ、イワナなどのマス類は、ご存知のように味がよく、刺身、塩焼き、フライなどとどのように調理しても美味しい魚です。そのなかでも、五月から七月ごろに漁獲された琵琶湖固有亜種のビワマスは、「琵琶湖一」どころか海の魚にも引けをとらないほど美味しい魚です。刺身にすると、サーモンピンクより少し濃いピンク色の身にうっすらと脂がのり、噛みしめると旨みが口の中いっぱいに広がります。湖北地方の川魚屋さんで六〇センチメートル級のビワマスの塩焼きを購入しておかずにすると、ご飯が止まらず、三杯も食べたあげくお茶漬けに、ということになります。

ビワマスは、産卵の時期以外は琵琶湖の深みにいるので漁業者以外がとるのは困難ですが、川魚屋さんで売られていることがあるの

（6）魚の身に数ミリメートル間隔で切り込みを入れ、小骨を切断することで食べやすくする技術です。京料理のハモが有名です。ハスやウグイの場合は、それほど細かくなくても大丈夫です。

フナの子まぶし（撮影：中尾博行）

ハスの塩焼き（撮影：水戸基博）

で探してみてください。

ウナギ、ナマズ、ギギ――琵琶湖に棲むウナギは、ほかの川で捕獲された幼魚が放流されて成長したものです。とはいえ、黄色みを帯びた体、指が回らないほど太い胴など、見た目は天然そのもので、運よくとれた場合は最高の蒲焼きを楽しむことができます。しかし、その前に難関があります。そう、さばくのがとても大変なのです。腕や包丁など、所かまわず絡みつき、挙げ句の果てにはキッチンの排水溝に逃げ込もうとします。日本酒や氷につけ、おとなしくさせてから取り掛かると比較的楽にさばけます。

意外にも、ナマズやギギも蒲焼きや揚げ物にすると美味しい魚です。ただし、水のきれいな川でとれたものにかぎります。ぬめりをよく取って料理をすれば、予想を見事に裏切ってくれる美味しさとなります。江戸時代にはウナギよりもナマズのほうが食材として知られていたようですし、今でも岐阜県や埼玉県にはナマズ料理の盛んな地域があって専門店も多いようです。

外来魚――外来魚のオオクチバス、ブルーギルはあっさりした白身で、洋風の味付けのムニエルやフライがよく合います。滋賀県では再放流が禁止[7]されているこれらの外来魚は、ぜひ持ち帰って食べてみてください。滋賀県水産課のウェブサイトにさまざまな料理法が紹介されていますので、参考にしてください。

ビワマスの塩焼き（撮影：中尾博行）

いずれも皮に独特のにおいがあるので、香草や香辛料を多めに使って調理をするのがコツとなります。琵琶湖では、三、四センチメートルほどのブルーギルの稚魚が大量にとれることがあります。よく洗ってから串に刺し、塩を振ってこんがり焼くと、おつまみのように結構美味しく食べられます。この大きさのブルーギルはミジンコ類しか食べていないためか、においはまったく気になりません。

同じ外来魚で「ライギョ」と呼ばれるカムルチーも、姿かたちに似合わず美味しい魚です。しかし、魚というよりは獣を解体しているようで、太い骨、ヘビのような皮に苦戦しますので、切り身にするまでに結構時間がかかります。もともと東南アジアや朝鮮半島では高級食材として利用されているということなので、それにならってアジア風のピリ辛スープにして食べるととても美味しいです。寄生虫が潜んでいる危険性の高い魚ですから、生食は避け、使ったまな板、包丁なども必ず熱湯で消毒をしておきましょう。

エビ類———魚ではないですが、魚と一緒にとれるスジエビやテナガエビも、郷土料理の「エビ豆」や天ぷら、から揚げにすると美味し

カムルチーのスープ（撮影：中尾博行）

（7）滋賀県水産課「琵琶湖の美味しい湖魚料理あれこれ」、同「美味しいふな寿しの作り方」、同「Catch&EAT!!～外来魚の調理方法」を参照。

いです。塩を振ってバター炒めにしても結構いけます。アメリカザリガニも食べられますが、水の汚い場所に棲んでいるものは避けましょう。尻尾をゆでて身を取り出し、エビ団子や揚げ物に、あるいはそのまま「ゆでエビ」として食べることもできます。

食べたあとのお楽しみ――魚を思う存分味わったら、残った骨に注目です。有名な「タイのタイ」は、胸鰭《むなびれ》の付け根の骨（肩甲骨《けんこうこつ》・烏口骨《うこうこつ》）です。形は違えど、どの魚にもこの骨はありますので、「コイのコイ」や「モロコのモロコ」を探してみるのも一興でしょう。コイ科の魚ならばノドの部分に「咽頭歯《いんとうし》」という発達した歯があるので、これを取り出してコレクションにしてみてはいかがでしょうか。

また、平衡感覚器官である「耳石《じせき》」という硬い石のようなものが頭蓋骨のうしろあたりの骨のなかにあります。耳石には木の切り株と同じように年輪があるので、これが何本あるか数えるとその魚の年齢が分かります。食べた魚の年齢を読み取り、どんな人生（魚生？）を送ってきたのかと想像をめぐらすことも楽しいものです。琵琶湖のめぐみへの感謝の念が、いっそう大きくなると思います。

第2章
観察会を開いてみよう

（撮影：中島経夫）

第1節 観察会をはじめる前に

観察会の目的

自然のなかで生き物たちに触れあってみたいという希望を、多くの人がもっていることでしょう。そして、その希望は、人里離れた遠くまで出掛けないと実現できないと思っている人が多いと思います。しかし、わざわざ遠くまで出掛ける必要はないのです。身近にある小川や田んぼ、一見ドブ川に見えるような水路にもすばらしい自然はあるのです。そのすばらしさに、多くの人たちが気づいていないだけなのです。

こんな所に魚がいるはずがない、と勝手に思いこんでいませんか。じっと見つめてみましょう。そこにはたくさんの生き物や魚がいて、さまざまな魚の泳ぐ姿が見られるはずです。そこで、そっと手で触れてみましょう。その感触から、彼らの命の営みも感じることができるはずです。

こうした生き物たちの見るポイントをアドバイスできるのが観察会です。「うおの会」では、「魚つかみ」の楽しさを多くの人に知ってもらうことを目的に観察会を実施しています。観察会を通じて、ふだんは自然との関係が疎遠になっている人たちに身近な自然を見てもらい、そのすばらしさを感じとってもらっています。

観察会に参加して適切な指導を受ければ、指導員でさえも気づかなかったような発見をすることがあります。そこにはいないと思われていた魚を発見したり、見たこともない魚の行動などを発見することもあります。このような参加者による新しい発見は、参加者自身に新しい興味や関心を呼び起こすだけではなく、自然を大切にしたいという思いまで培うことになります。それと同時に、魚たちやその生息環境がかかえている問題点や矛盾点も見えてきます。それらの解決に向けた次へのステップに導くことも、観察会の重要な役割となっています。

少し前まで、多くの人たちが水辺と深いかかわりをもちつづけ、水辺から生活の糧《かて》を得るだけでなく心の潤いも求めていました。それがゆえに人々は、水辺を大切に使い、それに呼応するかのようにいろいろな生き物が育まれてきたのです。しかし、このような経験をもつ人々が次第に少なくなりました。観察会は、これらの経験をもつ高齢者と次世代を担う子どもたちが一緒になって活動できる絶好の場となっています。

観察会を通じて、心の安らぐふるさとと、みんなに誇れるふるさとを取り戻しましょう。観察会とは、魚と人間の関係を再構築していく試みなのです。それだけに、一人でも多くの人が観察会に参加されたり、それぞれのグループなどで開くことができるようになればと願っています。とはいえ、簡単に開催することができませんので、その手順や注意事項を以下で見ていくことにします。

主催者とスタッフの責任と心得

観察会を主催し、運営していくうえで一番重要なことは、目的をはっきりさせることです。参加者へ何を伝えるのか、そのためにはどのような準備が必要かなどはその目的によって変わってきます。また、関係者同士のビジョンを共有するうえにおいても欠かせないものとなります。

観察会では、「地域の生態系を守りたい」、「子どもが自然に触れることのできる場をつくりたい」などが目的として掲げられることが多いです。このような目的がはっきりしていると、それを実現するために何ができるかという観点からプログラムや枠組みを考えることができます。たとえば、「地域の生態系を守ろう」という目的で観察会を開くとしましょう。そのためには、多くの人々を巻き込んだ形で、継続的な取り組みができるような枠組みをつくらなければなりません。また、「子どもが自然に触れる場をつくる」ことを目的にするならば、生きものの種類が多い場所など、参加した子どもの記憶に残るような場所を選定する必要が出てきます。

いずれの場合も、「生き物を自分の手にとってみる」という行為が一番大切となります。この行為が、「生き物を大事にする気持ち」や「地域を大事にする気持ち」につながるのです。とはいえ、観察会の開催にあたっては、安全管理の面からも周辺の環境や住民への配慮など、さまざまなことに気を配る必要があります。そのいくつかを以下で紹介していきます。

一つ目は「周辺住民への配慮」です。河川や水路という場所は人家と接していることが多いので、周辺の住民や自治会へあらかじめ説明しておくこと、そして観察会を行っていることが分かるように明示しておくといった配慮が必要となります。このような配慮ができれば住民の方々とコミュニケーションをとることもできるようになり、その地域の自然や生き物のことなど貴重な話を聞くことも可能となります。

二つ目は「法律や規則の遵守」です。観察会では野生の生き物を扱うため、さまざまな法律がそこにかかわってくることになります。たとえば、外部から持ち込まれた生き物が増えてきた現在では、外来生物法の指定を受けた生き物がタモ網に入ることがあります。特定外来生物の指定がなくても都道府県や市町村の条例で規制されていることもありますし、それとは反対に、文化財や都道府県の希少生物に指定されていて捕獲が禁止されている生き物もいるので、観察会で生き物をつかまえても、安易に放したり持ち帰ったりしてはいけないということになります。つまり、法律に触れる場合もあるので十分に注意をする必要があるということです。

また、河川などでの採集の場合は、漁業資源を守るために設けられた「漁業規則」に抵触する恐れもあるので、採捕が禁止されている魚種や期間などを漁業協同組合などに事前に問い合わせておくという必要も出てきます。

三つ目は「生息地への配慮」です。自然に触れるということは人間にとっては大切なことですが、その環境の破壊や希少種の乱獲につながってはいけません。先ほども書きましたように、むやみに生き物を持って帰る行為や、決して広いとは言えない生息地に大人数で押し掛けるような観察会は避けなければなりません。

また、各地域の自然状態（希少種・地域の宝）を不特定多数の人が見るインターネットなどで公開することにも注意が必要となります。つまり、一部のマニアや業者による乱獲につながるような行為も避けなければならないということです。実際、一晩で希少種が根こそぎ採取されたというような事例もあるので、希少種が棲むような場所での観察会については、どこまで（関係者間、地域内など）公開するのかということもしっかりと考えておかなければなりません。

観察会は多くのスタッフや協力者と運営する

一人で観察会を実施することはできません。事前の準備や当日の運営などを考えると、多くの協力者が必要になってきます。とくに、継続して観察会を開催していくのであれば、多くのスタッフの協力が必要となるでしょう。「生き物の説明」、「子どものサポート」など、得意分野を生かして役割を分担して行われることが理想となります。また、河川などではちょっとした油断が生命の危険となるため、場所によっては安全確認のために多くのスタッフを必要とします。一部のスタッフに負担が集中しないためにも、できるだけ人員は多いほうがよいでしょう。

前項で述べたように、観察会を実施する目的を決め、それにあわせた運営プランができると、「誰」を対象に行うのか、「場所」をどうするか、あるいはどのような人々の協力を必要とするかなどが決まっていきます。目的に基づいて協力者や支援者への働きかけを行い、スタッフとして参加してもらうようにしましょう。

たとえば、市役所などの公的な機関が窓口になっていれば、参加者も安心して参加することができます。地域の環境を担っていく地元の人に働きかける場合は自治会に協力を求めることもできますし、子どもを対象とする場合は学校や子ども会などに協力を依頼することもできます。また、農業用水路や田んぼであれば農業政策機関や農業団体、河川であれば河川行政機関や河川漁業協同組合へ協力を依頼しましょう。

対象や場所などをちょっと工夫すると、さまざまなアイディアが浮かび上がってきます。今までつながりのなかった分野において観察会を実施するのもその一つでしょう。たとえば、農業体験といった集まりのなかで「湖と田んぼのつながり」というテーマで観察会を開くのもいいですし、子育て支援のプログラムに「親子で魚に触れることができる自然観察」を加えてもおもしろいと思います。

このように、ほかの団体が行っている行事や環境イベントなどとコラボレーションすることでさらに活動の範囲を広げることができます。もともと人が集まる場であるために参加者を新たに募る必要がほとんどなく、今まであまり魚に興味がなかった人々に、魚のことや観察会の取り組みを知ってもらえるというメリットもあります。

そして、観察会の大事な役割の一つとして教育機関との連携が挙げられます。小さいころから自然に触れることは、感性を育み、環境教育としても最高のものです。自らが「魚」と触れ合うことによって生命の大切さを学んだり、「魚」を指標として地域の環境状態を知ったりすることができます。教育スケジュールの関係もあって学校の授業としてはすぐに行うことができないでしょうが、教育機関との信頼関係を構築して活動を積み重ねていく必要はあると思います。

いずれの場合も、団体のリーダーや学校の先生などキーパーソンとのつながりが重要となり、議論を重ねながら信頼関係を構築していく必要があります。また、一回かぎりでは目的を達成することは難しいので、観察会を運営する場合はそれが継続した取り組みになるように努力しましょう。そのためにも、地域の協力が必要不可欠となります。というのも、地域の水環境や生き物を保全していくためには長期にわたる日常的な管理が必要となるため、地域外の人が行っていくことは実質的に不可能なのです。できるかぎりその場に住んでいる人や、そこで仕事をしている人などとかかわることになります。このような人々の協力を得ることは決して簡単ではありませんが、それこそ観察会などを通して、少しでも地域の人々にも身近な自然を感じてもらえるように努力しましょう。

観察会を通して、多くの人々が自分の住んでいる地域に「たくさんの魚が棲んでいること」を知り、またそれが「地域にとっても貴重である」ということに気づきます。そして、魚を自分でつかまえたり、触ってみるという行為を通して「愛着」や「大事にしたいという気持ち」が育まれます。この気づきや愛着などが、地域の環境を守っていかなければならないという気持ちにつながるのです。そのためにも、地域に働きかけ、保全の形をつくっていくことが観察会の重要な役割となります。

のちに詳しく述べますが、観察会の終わりには感想を発表してもらったり、アンケートに答えてもらったりすることも重要となります。観察会を行ってそれで終わりにするのではなく、参加者の意見をフィードバックすることで次の観察会にもつながります。また、参加者が新しく知ったことや気づいたことなどを確認することで、観察会の目的に即していたかどうかも判断することができます。

協力者や支援者の探し方

観察会とひと口に言っても、農業者・漁業者・行政・地域の人々など、多くの主体がかかわってきます。行政のなかでも、とくに河川・農業・水産・環境などといった分野が多岐にわたることになります。このように考えると協力者を探すことが難しいと感じるかもしれませんが、決してそうではありません。

現在では、ウェブ上でアドバイザーや指導者などを検索することもできます。「環境カウンセラー」には全国の環境保全に関するアドバイザーが登録されていますし、地域や専門分野によっても検索することができるので、観察会の目的にあった指導者を探し出すための相談もできます。

滋賀県の場合で言いますと、「滋賀県環境学習支援センター」[1]の「エコロしーが」には、環境学習を支援してくれる団体や個人が多数登録されています。ひょっとしたら、自分の家の近くにも熱心な活動家がいるかもしれません。

また、行政機関や博物館に直接相談してみるのもよいでしょう。行政機関によっては、定期的に観察会などを実施している所もありますし、地域の生き物に詳しい人や市民団体を紹介してくれることもあります。一方、博物館では、観察会や学習会などだけでなく、市民のための指導者登録制度やそのための養成講座などを実施している所もあります。このような講座は、自らが指導者として必要なものを身に着ける場所であると同時に、同じような思いをもっている人々との出会いの場ともなりますので非常に有効な機会となります。

それ以外にも、交流会やシンポジウムは同じことに興味をもっている人が集まってくるのでチャンスとなります。琵琶湖流域の事例を挙げると、農村環境の保全をめざす「みずすましシンポジウム」[2]、水産業・魚類資源の保全をめざす「豊かな湖づくり大会」[3]などがあります。自治体によっては、幅広く環境保全を推進する「環境展」や市民活動を幅広く発表するための「市民交流会」を実施している所もあります。

このように、さまざまなツールを使ったり相談したりすることも有効な手段ですが、まずは実際に観察会に参加してみるのが一番でしょう。魚をとりながらいろんな人に話しかけてみたり、後片づけを手伝うことで、観察会を実施するうえでの楽しさややりがい、そしてその大変さなどについて話が聞けるかもしれません。高島市の「お魚ふやし隊」(4)や近江八幡市の「お魚探検隊」(5)など、取り組んでいくなかでネットワークが次々と広がった事例がたくさんあります。

いずれの場合も魚の保全を直接の目的としたものではありませんが、その目的の実現に向けて重なる部分がたくさんあります。それに、観察会をすでにやっている人、これからやってみたい人というさまざまな人に出会えますし、このような集まりに参加していると、「以前もシンポジウムで会った」というつながりが出てきて新しい取り組みを生み出していくことにもなります。

(1) 琵琶湖博物館の中に設置され、環境保全行動につながる環境学習を推進する拠点として、環境学習の企画サポート、環境学習に関する情報提供などを行っています。

(2) 滋賀県みずすましネットワークが農村環境の保全を目的に開催したシンポジウム。みずすましネットワークは、滋賀県土地改良事業団連合会(水土里ネット滋賀)にセンターを置き、農村地域の環境を保全するための各種団体、企業や個人などによる農村地域の環境保全活動の実践や支援を行うネットワークで、参画された方の情報を共有化し、個々のもつ能力を保全活動に活かすことを目的としています。

(3) 水産資源の維持培養と海の自然環境保全を訴えることを目的に全国都道府県毎に毎年豊かな海づくり大会が開催されています。滋賀県では、二〇〇七年に「豊かな湖づくり大会」として開催されました。

(4) 国土交通省、水資源機構、滋賀県、高島市などの行政と地域住民が協同して行っている環境保全活動。連絡先:琵琶湖河川事務所河川環境課内。電話:〇七七-五四六-〇八四三。

(5) 近江八幡や安土地区を中心に、地域の現状を把握し、環境保全に生かすためのモニタリングや魚つかみなどの体験を通して、地域の子どもたちに自然の大切さを伝える活動をしています。連絡先:近江八幡市環境課内。電話:〇七四八-三六-五五〇九。

さらにもう一歩踏み込めば、「魚」をキーワードとして異分野とのつながりもでき、観察会において何を実現したいのかという思いやビジョンをより広く伝えることもできるため協力も得やすくなります。

保険への加入

参加者に楽しんでもらう観察会ではありますが、避けられないのが事故です。その事前対策の一つとして挙げられるのが保険への加入です。

事前にどれだけ下見をしても、当日に多くのスタッフが同行したとしても、自然が相手の観察会ですから、どうしても不慮の事故が起こる場合があります。「衣服が汚れた」、「擦り傷をつくった」といった程度のことであればいいのですが、主催者側は、想定する以上の最悪なる事態も考慮しておかなければなりません。つまり、水辺で観察会を行う以上は、「足を滑らせて川に落ちて大ケガをする」とか「川で溺れて流されてしまう」といった事故は常に起こり得るのだ、ということをふまえておかなければならないのです。また、実際にそのような事故が起こってしまった場合は、現場で迅速かつ適切に判断して、事前に調べておいた病院に搬送したり、場合によっては警察や救急に通報しなければなりません。

このような事態に備える準備の一つとして、必ず保険には加入しておきましょう。たとえボランティアスタッフであったとしても事故が起こったときには責任を問われることになり、刑事的な責任はなくても民事的な責任を負う場合があります。しかし、保険に加入していれば、主催者やスタッフ、参加者の金銭的な負担は軽減されます。また、仮に第三者の身体やモノに損害を与えた場合でも賠償額の軽減につながります。とくに慣れない人が参加した場合などは、無意識のうちに農業施設や漁業施設などを壊してしまって賠償責任を問われることもあるでしょうし、魚つかみに夢中になるあまり、網を振り回して第三者の車を傷つけてしまうといったようなことも考えられます。このように、観察会では何が起こっても不思議ではないので保険への加入が欠かせません。

加入すべき保険の種類は、保険会社が「行事保険」として取り扱っているもので、「傷害保険」と「賠償責任保険」がセットになっているものがよいでしょう。どこの会社でも同じような保証内容となっていますが、それぞれ保証期間や保証項目に少しずつ違いがありますので、実施しようとしている観察会を思い浮かべながら数社の商品を見比べて、もっとも適しているものを選ぶようにしましょう。

保険料（一人当たりの掛け金）は一〇〇円から数百円程度が目安となりますが、一年間または複数回の行事に対して一括で申し込む「包括契約」であれば保険料が割安になります。ただ、実施日の直前だと受け付けてもらえない場合がありますので、あらかじめ申し込みの締め切り日を確認しておく必要があります。

保険に加入する場合は参加人数分まとめて申し込むようにし、事故があって保険金を請求する場合のことを考えて、事前に主催者側において参加者名簿をつくっておくことをおすすめします。もちろん、事故があった際に素早く保険会社に連絡ができるよう、主催者は必ず「保険の契約書」と「保険会社への二四時間三六五日対応の受付窓口の電話番号」は携帯しておいてください。そして、参加者から契約内容について問い合わせがあった場合にも即答ができるように、概要程度は把握しておくようにしましょう。

保険加入の利点には、経済的な負担軽減以外にも「危険項目の見直しができる」という点があります。それぞれの申込書に書かれている「保証内容」、「支払い事例」、「不払い事例」などを細かく見ていくと、思いもよらないことですが十分に起こり得るような事例もあり、観察会の開催にあたって注意事項の見直しにもなります。

何といっても、「保険に加入している」ということは参加者に大きな安心感を与えます。それは、主催者の危機管理が行き届いている証《あか》しでもあります。「転ばぬ先の杖」、「備えあれば憂いなし」とよく保険の広告にうたわれていますが、これらは観察会を主催する側に当てはまる諺と言えます。

遊漁が禁止されている場所などの調べ方

私たちが行う魚つかみや釣りなどは、法律では「遊漁」と定義されています。遊漁とは、漁業協同組合員以外の者が行う営利を目的としない水産動植物の採捕のことです（漁業法第一二九条第一項）。一般の遊漁者の場合は、公共の河川では漁業関係法令によって釣りなどの活動が制限されている場合があります。その制限は、立ち入り禁止区域、禁止期間、使用できる漁具・漁法などといったように多岐にわたっています。

それでは、禁止区域や禁止事項を調べるにはどうすればよいのでしょうか。もっとも簡単な方法は、都道府県の水産担当部局や漁業協同組合に問い合わせることです。漁業協同組合は、漁業活動が行われている河川や湖沼に必ず存在しています。ここでは、「禁止」となっている三つのことについて簡単に説明をしておきましょう。

①魚つかみをしてはいけない場所――「水産資源を保護するうえで魚つかみをしてはいけない場所」と「天然記念物や絶滅危惧種が生息しているために、保護区に指定されている場所」があります。たとえば、滋賀県の場合で言えば、水産資源保護の目的で安曇《あど》川や姉川などの河川では許可を得ていない場合の遊漁が規制されています。さらに、条例で採集が禁止されているイチモンジタナゴとハリヨが生息している場所でも、それらを採集することが禁止されています

（「③つかんだり、持ち帰って飼育したりすることが禁止されている魚種」を参照）。

②魚つかみをしてはいけない時期と対象となる魚種――河川では、一年のなかで時期を限定した「禁漁期」というものがあります。これには、産卵場所および卵の保護を目的としている場合と、採集できる魚のサイズを制限し、仔稚魚を育成させて資源の保護を行っている場合があります。滋賀県では、産卵前のアユやビワマス、全長二二センチメートルに満たないニゴロブナの稚魚や未成魚などの採集が禁止されています。

③つかんだり、持ち帰って飼育したりすることが禁止されている魚種――魚つかみをすることや、つかんだ魚を持ち帰って飼育すること自体が禁止されている魚もいます。滋賀県の場合は、ハリヨとイチモンジタナゴが「ふるさと滋賀の野生動植物との共生に関する条例」において「指定希少野生動植物種（採集および飼育が禁止されている種）」に指定されており、採集のためにこれらが生息する場所へ立ち入ることも原則として禁止されています。また、滋賀県以外の都道府県でも、天然記念物（ミヤコタナゴ、イタセンパラ、ネコギギ、アユモドキ）や絶滅危惧種などの保護のために採集および飼育が禁止されている場合があります。これらに加えて最近では、オオクチバスやブルーギルのような、放流された場合に在来の生態系に影響を及ぼす危険性の高い生物（特定指定外来種）の放流や移動、飼育が法律で禁止されている場合があります。

これらの禁止事項についてより簡単に調べるならば、水産庁のサイトにある「遊漁の部屋」というページを見てください。各都道府県の関係部局とリンクされているので、都道府県ごとの遊漁・海面利用のマナーなどを調べることができます。また、このサイトには「水産動植物の採捕規制について」のコーナーがあるので是非一読してみてください。ただし、ここに記載されているのはあくまでも各県の関係部署に対するものですので、必ずしも直接遊漁に関する情報にたどり着けるとはかぎりません。その場合は、直接、都道府県に問い合わせてください。

県によっては、遊漁者に対して案内を行っている所もあります。たとえば滋賀県では、農政水産部水産課が「遊漁の手帖」という小冊子を発行しています。この冊子には「遊漁に関する制限または禁止事項」、「有料釣り場」、「漁業と遊漁に関する制度」などが記載されており、使用禁止漁具、アユを保護するための保護水面(6)やその期間などを調べることができます。

観察会を安全に実施するために

楽しく有意義な観察会にするためには、さまざまなことに気を配る必要があります。まず一番

(6) 水産動物の産卵、仔稚魚が生育するのに適した水面で、その保護のために水産資源保護法に基づいて指定されている地域。

表２－１　観察会の場所選びのポイント

魚や生き物がたくさんいる	魚や生き物がつかまらなくては、観察会としておもしろくない。
人が入れる深さである	水の深さは、参加者のひざの高さ以下。小学校低学年であれば、30cm 程度が目安。水は浅くても泥深い所は避ける。
近くに危険な所がない	急に深くなっている所、急に流れが速くないる所は避ける。危険な生き物がいない所。
川への出入りする場所がある	子どもでも安全に川や水路に入れる場所。水路そのものが岸から深いときには、脚立などを用意。川まで草が生い茂っている場合は事前に草刈り。
十分な川幅や長さがある	多くの人が一度に入れる広さが必要。
近くに適当な広場がある	タモ網の使い方を説明したり、魚つかみが終わってから、まとめの会を開催したり、着替えたりする場所が近くにあると便利。
魚つかみの禁止区域でないこと	地域の水路などでは、環境保全活動などで魚を飼っていたり、保護したりしている場所がある。また、漁業協同組合や業者の管理区域で一般の人は入れない地域や期間があるので、川での観察会は漁業協同組合に事前に連絡する。
集合場所やトイレから遠くないこと	トイレの位置も確認が必要。どうしても距離がある場合は、大人が車で送り迎えが必要。

重要なのが下見です。観察会を行う場合、何か所かのエリアを事前に下見して開催場所を決定することになりますが、その場所の選び方は、魚つかみを楽しめることと同時に安全性を第一に考えて決めなければなりません。そして、参加者の人数や年齢なども考慮しなければなりません。実際にどのような場所を選ぶかについては**表2-1**にまとめましたので参考にしてください。

開催場所が決まったら、その場所の簡単な地図をつくります。実際に川に入って、どのあたりで魚がとれるか、危険な場所はどこかなどを記入しておきます。また、この地図に観察会の開催範囲も記入しておけば、スタッフ間での打ち合わせや参加者への説明にも使えます。

下見のほかにあらかじめ決めておくことは、下見においてチェックした項目に基づいての計画書の作成です。その計画書には、**表2-2**に記したような内容を書き入れておきます。

計画書の内容をスタッフ全員が周知するだけでなく、漁業権をもっている地元の漁業協同組合に対して、川で観察会を

表2－2　計画書に必要な項目

• 観察会の名称	• 目的	• 開催日	• 集合場所
• 集合時刻	• 開始時刻	• 終了時刻	
• 観察会の時間配分(開会式、移動時間、魚つかみの時間、まとめの会)			
• 観察会実施場所の概略図		• 参加者の人数	• 年齢層
• 持ちもの(採集道具、着替えの下着・衣類)			
• 服装(長そで・長ズボン、採集時の履き物)			
• 特に注意する点	• 危険箇所	• 悪天候時の対応	
• 主催者	• 協力団体(者)	• 主催者やスタッフの連絡先	
• 事故発生時の医療機関などの連絡先			

実施することとその目的、日時、人数などを必ず連絡しておき、必要に応じて地元の自治会、地域の警察署、多くの参加児童が所属する学校などにも提出しておくとよいかもしれません。

次に、安全のための体制（緊急連絡体制）をつくっておかなければなりません。スタッフ全員が安全に対して責任をもつわけですから、全体の安全責任者を誰にするか（通常は主催者）とか、参加者の安全を監視する安全責任者を決めておかなければなりません。

全体の安全責任者は、開会式などで参加者全員に危険な箇所や安全についての諸注意を促します。そして、細かい指示や具体的な注意を安全責任者である指導員を通じて行います。万が一事故が発生した場合は、安全組織体制（緊急連絡体制）に基づいて対応します。実際、指導員は異なる場所にいることが多いので、それぞれが連絡をとりあうために携帯電話やトランシーバーを持参しておきましょう。また、腕章かカラー帽子を着用するなどして、誰が指導員なのかが参加者に分かりやすいようにしておきましょう。

事故に対する処置手順はスタッフの間で事前に決めておき、児童や幼児が参加する観察会であれば、事故に対応した訓練を行っておくことも必要となります。

観察会で用意する道具

参加者が用意する道具や服装についての注意は、魚つかみの場合と同じですので、第1章の

「魚つかみの道具」(一一〇ページ)、「魚つかみをするときの服装」(一一六ページ)を参照してください。ここでは、観察会を実施するうえで主催者側が用意する道具について解説します。

タモ網などの採集道具は観察会において絶対に欠かせないものですが、それは参加者自身に用意してもらうほうがいいでしょう。参加者用のタモ網を用意している団体がありますが、主催者側が用意すると観察会のときしか魚つかみをすることができません。しかし、参加者自身がタモ網を用意するようになれば、観察会のあとでも継続的に魚つかみをすることができます。また、親子で参加する場合は、二本のタモ網を用意してもらうようにしましょう。

主催者が用意しておく道具は、開会式や閉会式、受付やまとめの会で使用する道具、さらに安全確保と事故対策のための道具です。受付に

観察会での受付の様子(撮影:うおの会)

は机やイスが必要ですが、それはキャンプで使用するポータブルなテーブルでもかまいません。受付や駐車場が一目で分かるように幟《のぼり》もあると便利です。

そして、まとめの会ではとれた魚を説明することになりますので、魚を種類ごとに分けるためのトレイ、魚を入れる小型のプラスチック水槽、分けた魚をプラスチック水槽に移すための稚魚ネットなどを用意しておきます。

事故対策としては救急箱や医薬品、そして夏場の熱中症対策のためとして、アイスボックスに入れた氷や水も用意しておかなければなりません。また、メガホンやホイッスルは、声が通らない野外では危険を知らせるためにどうしても欠かせない道具となります。そのほか、もし参加者が溺れたときのためのロープ、ロープをくくった浮き輪、竹竿、ライフジャケット、懐中電灯、マッチ、携帯ラジオ、発煙筒なども用意しておけば慌てずに救助することが可能となります。

これ以外にも、川や水路へ下りる際に必要となるハシゴや脚立、場合によっては当日に草刈りをしなければならないときもありますので、鎌やノコギリも用意しておきましょう。そして、観察会の様子を記録するためとして、ビデオやカメラも必需品となります。

第2節

観察会の実施

観察会をはじめる

それでは、実際の観察会の様子をながめてみましょう。朝からよく晴れたこの日、集合場所は川沿いにある小学校の玄関となっていました。

受付時間の少し前にもかかわらず、スタッフがすでに集まっています。その何人かが、すでに観察会を行う川の様子を見に行ってきたようです。水位や流速などが、事前に調べたときと変わりがなかったという報告を責任者にしています。

玄関先のほうを見ると、受付の設営がはじまっていました。小学校の玄関先ですから庇《ひさし》があるので、テントを張る必要はありません。用意しておいた机とイスを並べて、ここが受付だと分かるように「うおの会」の幟《のぼり》が立てられました。スタッフが幟を持って走っていくところを見ると、駐車場にも幟が立てられるようです。参加者が来る前に、各スタッフの役割を確認して、受付の準備が完了です。

そろそろ参加者が集まってきました。事前につくっておいた参加者名簿を見ながら保険料を徴収し、参加者をチェックしていきます。全員がそろったことを確認して、いよいよ観察会のはじまりです。まずは開会式です。

主催者を代表して、「うおの会」の会長挨拶のあと、この日の取り組みの目的を説明し、地域の特徴や魅力などを説明していました。魚つかみのコツや注意事項を会長自らがタモ網を持ち、足で魚を追い込む様子を実演しながら説明したあと、危険な箇所がどこかについて声を少し上げて説明していました。その後、参加者がグループ分けされて、それぞれの指導員が紹介されました。主催者であるうおの会の指導員の一人に、どんなところに注意をしているのかと聞いてみました。

魚つかみに対する指導と安全確保のため、参加者が少ないときでも五名程度の小班に分けて観察会を行っているとのことです。参加者の年齢層に幅がある場合はできるだけ同年齢でグループに分けますが、小さい子どもたちの場合は、より危険の少ない浅瀬でまとまって行動したほうが安全だからということでした。各グループには一名以上の指導員を配置しているようですが、指導員が熱心に指導すればするほど全員への注意が散漫になるので、複数の指導員を配置するか、それ以外に世話人を配置するようにしているとのことです。多くの場合、世話人は参加した子どもの保護者の方にお願いしているようです。また、家族連れの参加者には親子で魚つかみをしてもらっているとも言っていました。

川での観察会（撮影：中島経夫）

休耕田での観察会（撮影：上原和男）

ひと通りの観察会の説明が終わったあと、いよいよ魚つかみです。川岸に着いた途端、川に入ろうとする人がいましたが、指導員から止められていました。まずは、川をのぞいて魚の動きを確認するようです。「魚つかみがはじまると、魚は驚いて隠れてしまいます。その前に静かに観察して、どんな魚がいるのか、川のなかの様子をしっかりと見ましょう」と、指導員がはやる子どもたちに説明していました。どうやら、せっかくの観察会なので、目で確認することの大切さも伝えているようです。

子どもたちの様子を見てみましょう。初めは水に入ることをためらっていた子どもたちも、しばらくすると活発に魚を追いかけ回したりしています。しかし、なかなか魚がつかまらないようです。各グループの指導員が、安全に留意しながら魚のつかみ方やタモ網の使い方を実演して、小さな子どもでも自分でつかまえる方法を教えていました。子どもたちと指導員が打ち解けてきたころには魚つかみのコツが分かってきたようです。タモ網の中に魚が入っていたのを発見した子どもが、「おっちゃん、サカナがとれた。これ何ていうサカナ?」と大きな声で叫んでいました。そのときの子どもの表情は、伝えるまでもないでしょう。

魚つかみがはじまって四〇分ほどしたら、終了を知らせるホイッスルが吹かれました。最初は水に入ることをためらっていた子ども、魚に触るのを嫌がっていた子ども、そして親たちまでもが「もう終わり?」とぶつぶつ言いながらなかなか川から上がってきません。どうやら、まだまだつづけたいようです。

最後に、指導員から「魚つかみをすることは、少なからず生息地を破壊することになります。魚つかみをするときは、可能なかぎり生息地を破壊しないように努め、終わったら生息地や周辺環境を可能なかぎり元の状態に戻します」という説明があって、参加者全員がその作業を終えて川から上がりました。

まとめの会を開く

魚つかみが終わってから「まとめの会」を開いています。魚の扱い方に注意しながらとれた魚を種類ごとに分けてバケツからトレイに移します。そして、その種類ごとに、誰からも見えるようにプラスチック水槽に移しかえます。

「この魚はドンコと言います。誰がとったのかな？　どこでとった？」などと言いながら勉強会をはじめます。とくに子ども向けの観察会では、スタッフからの解説が中心となります。似ているけど種類が違う魚、特徴的な習性をもっている魚、希少な魚など、伝えたいポイントを事前に決めて、地域環境の特徴や周辺環境と魚とのつながりなどもあわせて伝えていきます。

何よりも大切なことは、「普段何気なく通っている所に、こんなにもたくさんの種類の生き物がいる」ということを子どもたちに発見してもらうことです。この「気づき」を通じて、生き物と周辺環境とのつながりや、自分たちの暮らしにどのようにつながってくるかを考えてもらうようにしています。

また、同じ川や水路でも、場所によってとれた魚が違ったり、特定の場所で特徴のある魚がとれたりすることがあります。たとえば、岸辺の植物の陰をガサガサとしたけれどドジョウがとれなかった場合、そのときの川底の様子がどうだったのかを聞きます。そのような情報が、次の観察会のときに必ず役立つのです。

ひと通りとれた魚の説明が終わったら、とれた魚を記録します。うおの会では『さかなとりのたのしみかた――調査のしかた・魚のみわけかた』というガイドブックと調査票（一〇四ページ）を用意して、家に帰ってからでも魚つかみや魚についての学習ができるようにしています。この調査票には、誰が、どんな魚をつかまえたか、その場所での流れは、川底の様子は、魚のほかにとれた生き物などを参加者全員に記入してもらってます。

まとめの会の様子（撮影：中島経夫）

調査票に記入をすることによって楽しんだ魚つかみの記録が残ります。その蓄積が、大きな成果を上げるのです。ガイドブックと調査票については第3章で詳しく説明することにします。

まとめの会では、次の観察会に活かすために参加者の意見を聞いたり、アンケートへの記入もお願いしています。それ以外にも、地元に住む年配の人にお願いして、昔の川の様子や魚つかみについて話をしてもらっています。

そして最後に、集めた魚や生き物をとった場所に放流し、閉会式を行って観察会は終わりです。しかし、スタッフの仕事は参加者が帰ってもまだ終わりません。

会場の片づけ、関係者への挨拶はもちろんですが、その日の観察会をふりかえり、簡単な反省会を行います。地元の人や釣り人、漁業者とのトラブルはなかったか、危険と感じたことはなかったかなどをスタッフ間で話し合います。まとめの会で聞いた参加者の感想や意見は今後の観察会に活かすことができ、反省会の材料としては最適なものなのです。

このように、観察会後のまとめの会や反省会は、魚に関する情報交換や意見交換など、取り組みを円滑に行うこととためのコミュニケーションの場ともなっているのです。

うおの会のガイドブックの表紙

安全と事故への対応

先ほど紹介した観察会のように、天気もよく、何のトラブルもなかった場合はよいのですが、実際に観察会を楽しく安全に行うためにはさまざまなことに気を配らねばなりません。下見をしたからといって安心はできないのです。川は、時間とともに変化していることを忘れてはなりません。観察会の直前にも現場の再点検をし、天候や水辺の状態などに気を配る必要があります。些細な変化を見逃さずにスタッフ間で連携をとり、「報告」、「連絡」、「相談」がすみやかに行える「ホウ・レン・ソウ」の体制でスタッフのチームづくりを進めることが大切です。

もちろん、前日からの天候、および当日の天気予報も調べておかなければなりません。遠くの積乱雲や雨雲の様子など、空の動きや周囲に気を配り、川の流れや水量の変化、環境の変化に気をつけてください。急に水が濁ったり、樹木の切れ端や枝が流れてくるという異常が認められた場合は、まず参加者に水から上がるように指示を出します。そして、川から出たらすぐに安全な高い所まで移動します。

参加者の服装や様子も観察会の前に確認します。参加者が靴をはいているか、帽子をかぶっているか、服装はどうかなどを点検してから指導員は、参加者と話をするなかで、はしゃぎすぎたり、勝手な行動をしたりする者がいないかをチェックします。そのような参加者には、観察会における留意点を注意する必要があります。

観察会の最中は、指導員とは別に監視員を配置する必要もあります。観察会の規模にもよりますが、次の五つのポイントに配置します。

❶全体を見渡せる位置。
❷観察会実施範囲の最上流位置。
❸観察会実施範囲の最下流位置。
❹範囲が広い場合は観察会実施範囲の中間地点。
❺とくに危険箇所と決めた付近。

各位置に最低一名の監視員を配置し、参加者が魚つかみに夢中になって危険箇所に近づいたり、決められた範囲から外へ出ていったりしないように注意を払います。万が一の場合はホイッスルを吹いて、危険や事故をみんなに知らせるようにします。また、最下流位置に配置された監視員はタモ網を持って待機し、脱げた靴や帽子などが流れてきた場合には拾えるようにしておきます。それ以外には、救助用として使用できるロープや浮き輪、棒（竹竿）などを数か所に配備しておけばよいでしょう。

うおの会では、これまでの調査や観察会で大きな事故を一度も起こしていません。しかし、どんなに注意しても事故は起こるものなのです。万が一事故が起こったときには、その被害を最小限に抑えるために、慌てず冷静かつ迅速に対処しましょう。

まず、自分自身の安全を確保したうえ、負傷者以外の人たちの安全確保をしっかりと行ってから負傷者を救助します。事前に準備した緊急連絡体制のもとに全体の安全責任者に事故の報告をし、その内容によっては必要な機関にすみやかに連絡をします。都市部の場合は救急車を呼ぶことで対応可能ですが、やむを得ず救急医院への搬送が必要な場合も想定して、先にも述べたように、事前に休日救急医療機関を把握しておくことが重要となります。

参加者の安全確保、負傷者の救助、責任者への連絡、関係機関への連絡をすませて救助した負傷者を医師に引き渡すまで、負傷者に正しい応急手当をしなければなりません。救急法については簡単に**表2-3**にまとめてみましたが、しかるべき専門書で調べてください。また、観察会を主催するスタッフは、消防署や日本赤十字社が行っている講習会を事前に受講し、救急処置についてのトレーニングを受けるようにしてください。

水族館をつくってみよう

生き物をつかまえたとき、食用にしたり、その生き物が人畜や社会に害を及ぼすものであったり、研究者や研究機関が標本として持ち帰ったりする場合を除いて、その場で放流することが原則となっています。とはいえ、持ち帰って飼育することにも大きな意味があります。とった魚を持ち帰って水槽に入れ、じっと眺めつづけるという経験をしたことのある人も多いと思います。

表2－3　簡単な救急法

負傷者の寝かせ方	・負傷者を、日陰で安静に寝かせる。負傷者の状態や傷に応じて、最も良い姿勢を保つ。 ・体温を保ち、寒がらせないように、発汗させないようにしながら保温。 ・熱中症の場合は、首筋や額を冷やし体温を下げる。
負傷者の観察	・力づけ安心させながら、負傷者を観察する。 ・話しかけ、直接触れてみて、脈拍や熱の有無を調べる。 ・意識、呼吸、脈拍、顔色、大出血の有無を調べる。 ・傷、出血、骨折、打撲、痛みなどの有無と状態（部位、程度）、手足が動くかどうか、傷や病気の症状などを観察する。 ・意識がある場合は、事故発生状況を負傷者に尋ねる。 ・多数の負傷者がいる場合は、緊急性の高い重傷者を優先する。
飲食物	・原則として負傷者には飲食物は与えてはいけない。特に、アルコールは禁物。 ・熱中症の場合は脱水症状を起こしているから、冷たい水を口に含ませる。本人が落ち着いてきたら水を飲ませる。
止血	・**直接圧迫止血法**――傷口に清潔なガーゼやハンカチを直接強く押し当てる。傷の真上にガーゼなどを当てて、5分間は途中で絶対にガーゼを離したりせずしっかりと押さえる。出血が止まったら、清潔なタオルなどに変える。 ・**関節圧迫止血法**――傷口より心臓に近い動脈を指や手で圧迫して血液の流れを止める。直接圧迫止血法で止まらない場合は、間接圧迫止血法を併用して止血する。止血の際、血液には決して触れぬように、手袋またはレジ袋などを利用する。
救急箱の利用	・多くの人が一度に入れる広さが必要。屋外での活動では全体責任者は、最低限必要な薬などを準備した救急箱を携帯する。その内容は、消毒薬、軟膏、傷薬、虫さされ薬、アルコール、解熱剤、体温計、傷テープ、三角巾、ガーゼ、包帯、とげ抜きなどが最低限必要。 ・ハチや毒をもったヘビにかまれた場合は毒液を一刻も早く体外に出すことが重要となるため、市販の器具（ポイズンリムーバー）を用意する。

その行為が、動物愛護、自然愛護にもつながっていくことはまちがいありません。

　観察会が終わったあと、何人かの参加者から「つかまえた魚を持ち帰って飼育したい」という意見が出されるときがあります。このような意見は、魚をずっとそばに置いて世話をし、観察したいという願いから出てきたものですから大切にしなければなりません。しかし、参加者全員にそれを許してしまうとさまざまな問題が起こります。まず言えることは、その観察地付近の魚を減らすことになりますし、無責任な飼育方法がゆえに死なせてしまうことが多々あります。それこそ自然破壊となりますので、もっともふさわしい方法として「○○に水族館をつくってみよう」と提案してください。

　学校、地域、または各種団体で観察会を開催するときには、地域にどんな魚が生息しているのだろうかとか、この魚たちを守るために川をきれいにしようとかといったさまざまな目的があると思います。その目標を達成させるために、自分たちでつくった水族館が有用な働きをすることになります。つかまえた魚を持ち帰り、学校や公民館といった多くの人の目に触れる所に魚たちがいれば、つかまえたときの感動を伝えたり、成長していく姿を見ることで興味を持続させることができます。

　もちろん、飼育の過程で死んでしまう魚も出てくるでしょう。なぜ死んだのか、なぜ死なせてしまったのかを考え、小さな生命を見守りつづけることによって生命の大切さを学ぶことができますし、先に述べたように自然愛護の精神も培われていきます。さらに、もっと詳しく知りたい、調べてみたいという探究心も高まっていくことでしょう。

とはいえ、水族館をつくって、ただエサをやり、水を替え、掃除をしているだけでは子どもたちや地域の人たちに自然愛護の精神は育ちません。すぐに飽きてしまい、誰も目を向けなくなってしまうことが多いものです。ドキュメンタリーな情報、たとえば「追っかけあいをしている」、「隠れ場所が決まったようだ」、「こんなものを食べるようになった」、「これだけ大きくなった」、「卵を産んだ」など、時に応じてコメントを出しつづけることが大切となります。先生や一部の指導者のみにそれを任していると無理が起こるので、先生を中心とした「生き物係」や「飼育委員会」などを組織しましょう。少なくとも、その係になった人たちが「おさかな博士」や「自然愛護家」になることはまちがいあ

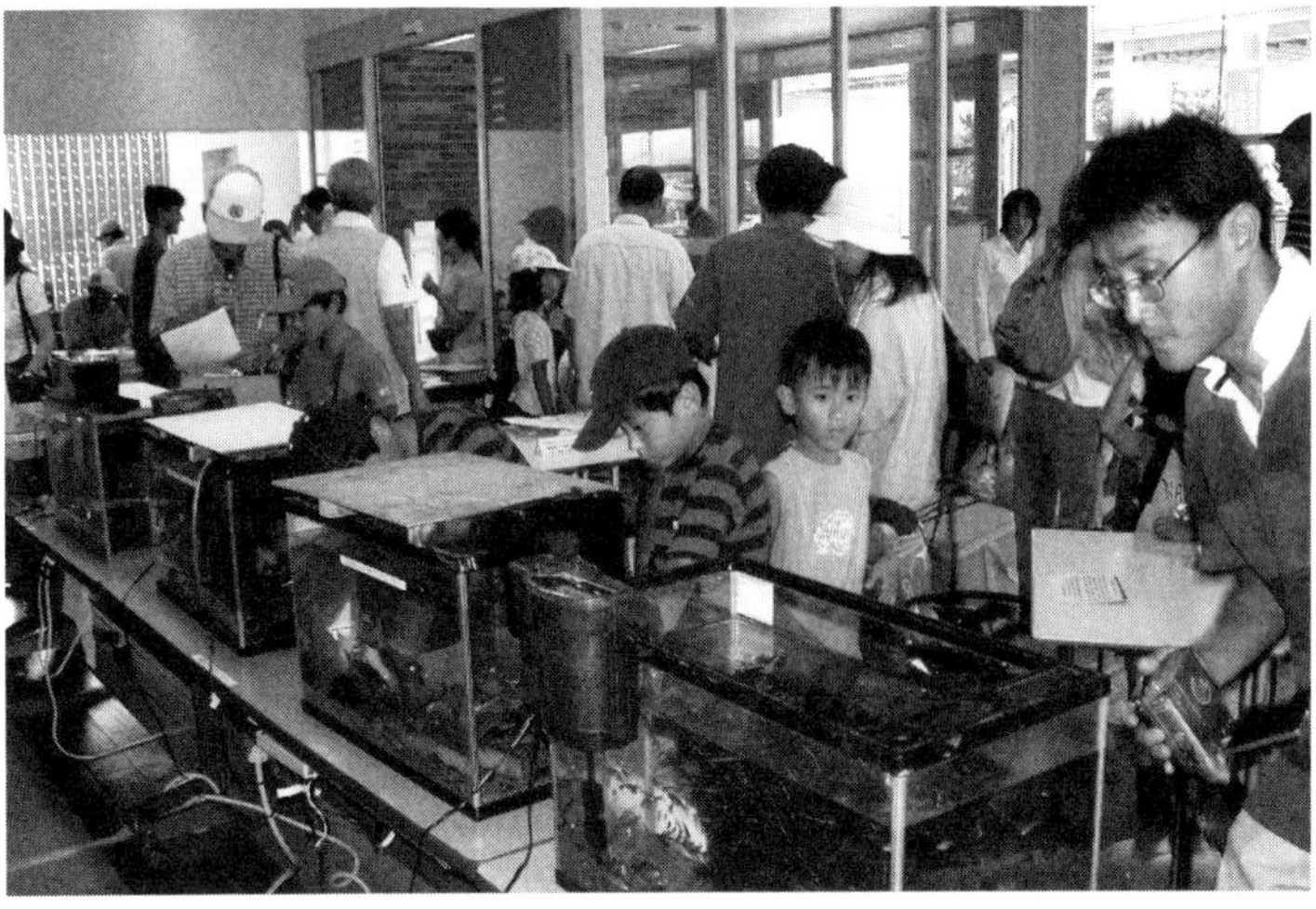

みんなでつくる水族館（撮影：中島経夫）

りません。

魚の飼育にはそれ相当の設備が必要ですし、観賞魚の飼育と同様にできるわけではありません。できるだけ自然環境に近い水環境をつくり、水草やほかの生き物たちも一緒に飼育しなければなりません。そうすることによって、冬の水温の低いときには水底の物陰にじっと身を潜めているといった魚たちの本当の姿を見ることができるのです。

第3章

科学的調査を楽しもう

（撮影：中島経夫）

調査マニュアルをつくる

「うおの会」で行っている魚つかみや観察会は、ただ魚をとることを楽しむだけではなく、その結果をデータとして残しています。そのためのツールが調査票です。調査票に書き込まれたデータが分析され、魚やその生息環境を保全するために役立てられることも喜びの一つになっています。

調査を行うときは、はっきりと目的を設定し、その目的にあわせて調査法を考えます。多くの市民が参加する調査でも同じですが、その場合は採集能力、魚についての知識などにおいてさまざまなレベルの人が参加しますから、誰もが簡単で楽しめる調査法にしなければなりません。また、その調査を実施するための分かりやすい調査マニュアルを整える必要がありますし、調査票も親しみやすいものにしなければなりません。

どのような目的で、どのような調査をうおの会が実施してきたのかをお話しします。

これまで、うおの会では参加者が異なる二つのタイプの調査を実施してきました。一つは、うおの会の会員だけで行った一九九八年から二〇〇二年までの調査です。もう一つは、会員だけではなく、広く市民にも呼びかけて誰もが参加できるようにした調査で、二〇〇五年から実施してきました。

まず、会員だけの調査では、滋賀県全体の詳細な魚の分布についての記録がなかったので、県内の詳細な魚類分布図をつくり、二〇世紀末の記録として残そうと考えました。調査に先立ち、滋賀県に特別採捕許可を申請しました。調査とはいえ、魚つかみを楽しむことは忘れていません。投網《とあみ》が打てる所では、まず投網を打ってからタモ網で二〇分間採集することにしました。調査地点が水路の場合は、三〇メートル程度の範囲を一調査地点と決めました。つまり、水路で一〇〇メートル移動していったとしたら三地点を調査したことになります。

また、タモ網では採集できない深い所では、投網やプラスチック製のモンドリや釣りによる採集を併用しました。採集された魚の数や種類のほかに、調査地点の流速、底質、水深などのデータを集めました。

タモ網は、第1章で紹介した養魚用二重枠三角玉網を使用します（一〇ページの写真参照）。このタモ網は、全長が九〇センチで網口の高さが三〇センチです。水深は、このタモ網を基準にして、三〇センチ以下、三〇センチから九〇センチまで、九〇センチ以上という段階に分けました。そして、輪ゴムを流して、九〇センチを何秒で流れるかで表面の流速を計りました。また、魚の同定に関しては、うおの会のメンバーとはいえ全員が魚の分類に詳しいわけではありませんので、魚の専門家にまかせることにしました。

この調査で、採集した魚の一部を標本として残すことにしたところ、魚の保全を標榜する人たちから抵抗がありましたが、調査結果をより具体的なものにするために標本として保存することにしました。ただし、希少種やたくさんとれた魚、大きな魚についてはその場で放流しました。

だれでも・どこでも琵琶湖お魚調査隊調査票（初級編）

① 名前《ふりがな》　西暦　年生まれ　電話（　）　－
所属団体・学校など　本日のイベント名

② 魚つかみをはじめた日時　西暦　年　月　日　時（24時間表示）
魚つかみの方法　□ 目視　□ つり　□ タモあみ　□ 投あみ　□ その他（　）

③ 場所
□ 川・水路
□ 田んぼ
□ 池・内湖
□ 琵琶湖岸

流れ
□ 流れていない
□ ゆっくり流れている（1mを10秒以上）
□ 流れている（1mを2～10秒）
□ はげしく流れている（1mを2秒以内）

川や水路の構造
□ 3面コンクリート
□ 底は自然のまま

岸辺に水の中からはえている植物
□ ある　□ ない

底は主として
□ どろ
□ 砂
□ 小石（礫）
□ 岩
□ コンクリート
（ひとつにチェック）

底に見られるものすべて
□ どろ（つぶが見えない）
□ 砂（つぶの大きさは1cm以下）
□ 小石（石の大きさは30cm以下）
□ 岩（石の大きさは30cm以上）
□ コンクリート
（いくつもチェックしてよい）

川幅
□ 100cm以下
□ 100-200cm
□ 200cm以上

水深
□ 10cm以下
□ 10-30cm
□ 30-90cm
□ 90cm以上

水の状態（水質）
水の底　□ 見える　□ 見えない
水　□ あわだっている　□ あわだっていない
ソウ類　□ はえている　□ はえていない
（ソウ類　アオミドロや水ワタのようなもの）

④ 魚の産卵
産卵の音　□ 聞こえる　□ 聞こえない　わかれば 魚の種類
魚の産卵　□ 見える　□ 見えない
魚の卵　□ たくさん卵がついている　□ すこし卵がついている　□ 卵が見つからない

⑤ とった場所の地図　滋賀県　市 郡　町　番地（わかる範囲で）
特徴ある場所、家（だれの家）、橋、大きな建物などを書き込んでください（できれば住宅地図をうつしてください）。
地図の中に、魚をとった場所を、わすれずに★印をいれてください。

かならず書いてね！

わかれば 緯度経度　北緯　東経

調査票の郵送先：525-0001 草津市下物町1091 琵琶湖博物館うおの会
連絡先：電話 077-568-4832　FAX 077-568-4850　E-mail uonokai@lbm.go.jp
URL：http://www.lbm.go.jp/nakajima/osakananet/index.htm
～あなたの貴重なデータが琵琶湖を保全するいしずえになります～

（初級編）調査票の表

★まず、川や水路をのいてみてください★

□ 魚がみえる　□ 魚がみえない

★魚をつかまえようとした★

□ 魚がとれなかった　□ 魚がとれた（とれた魚に大きく○をして）

1. 底がすきな魚

● 体がほそ長く、ヒゲがない魚

スナヤツメ　ウナギ

● 体はややほそ長く、ヒゲがある魚

ドジョウ　シマドジョウ

● 体は流線型で、ヒゲがある魚

ニゴイ　カマツカ

● 体はずんぐりしていて、めだつヒゲがある魚

ナマズ　ギギ

● 体はずんぐりしていて、ヒゲのない魚

カジカ　ゴリ　ドンコ

2. 泳ぎまわっている魚

● 流線型で体がうすい、アブラビレがある魚

アユ　マス

● 流線型で体がうすい、アブラビレがない魚

カワムツ　オイカワ　ハス

● 流線型で、体が太く棒のような魚

タカハヤ　モロコ

● 小さな魚

メダカ　魚のこども

● 体高が高い魚

コイ　タナゴ　フナ

● 外来魚

ブラックバス　ブルーギル　カムルチー

● その他の魚 ？（　　　　）

他の生きもの				
エビ・カニ	□ いない	□ いる	種類：
カメ・カエル	□ いない	□ いる	種類：
貝類	□ いない	□ いる	種類：
水の中の昆虫	□ いない	□ いる	種類：
水草	□ ない	□ ある	種類：

～ご協力ありがとうございました～

（初級編）調査票の裏

魚にとっては少しかわいそうなことですが、ホルマリン一〇パーセントの水溶液で固定して標本にしました。毒薬の指定を受けているホルマリンは簡単に扱うことができません。そこで、調査の参加者に対してその危険性や扱い方についての説明を十分に行ってから、調査に出掛けるときに標本ビンとともにわたすことにしました。

調査に出掛けるときは、これ以外に調査地点の地図のコピーを持っていきます。一調査地点につき一つの標本ビンにとれた魚をまとめて入れ、調査票、採集地点をマークした地図のコピーをセットにして持ち帰って事務局にわたします。それを受け取った事務局では、採集地点を住宅地図で確認して、緯度経度によって位置をデジタル化し、魚を同定して博物館資料として登録していきます。ちなみに、集められたデータはエクセルで集計していきました。そして、この調査法と一連の手順を調査マニュアルとして文章にし、調査員に配布しました。このマニュアルによって、規格化されたデータを集めることができました。

次に、多くの市民が参加した調査について説明します。先の会員だけの調査によって、滋賀県内の詳細な分布図ができあがると同時に市民参加の調査についてのノウハウも分かりました。それで、多くの人々にも科学的な調査を行う楽しみも味わってもらおうと考え、うおの会の会員だけではなく一般市民にも参加してもらって第二段階の調査を実施することにしたのです。調査の目的は「魚とその生息環境のモニタリング」とし、さらに対象地域も、滋賀県内から一歩踏み出して琵琶湖・淀川水系としました。

しかし、ここでいくつかの問題が生じました。まず、参加者にホルマリンをわたして魚の標本をつくってもらうことは不可能ですから、魚の同定を現地でしなければなりません。魚についてまったく知らない人が参加している調査で行った魚の同定が信用できるものなのか、小学生に生息環境についての記述ができるのかなど、クリアしなければならないさまざまな課題に直面したのです。

そこで、誰もが行う「初級編の調査」と、認定を受けた上級者の行う「上級編の調査」とに分けることでデータの質を保とうと考えました。うおの会の最初の調査でとれる魚はだいたい分かっていたので、初級編では難しい分類を要求せずによくとれる二六種の魚に限定しました。また、分類の難しいと思われる魚種はひとまとめにして扱うことにしました。たとえば、タナゴ類はまとめてタナゴ（ボテ）とし、ハゼ類もまとめてゴリとしました。ちなみに、ゴリのなかには、ヨシノボリ類だけではなくウキゴリ、イサザ、ヌマチチブも含まれます。生息環境の記述はすべてチェックシートとし、二六種の魚は写真をつけてとれた魚にチェックを入れるという方法をとりました。

調査マニュアルを分かりやすくし、調査票にどのように記入するかを図や写真で解説し、二六種の魚の鑑別法を写真で示したガイドブック『さかなとりのたのしみかた——調査のしかた・魚のみわけかた』（九二ページ参照）を作成しました。このガイドブックは初級者向けとしてつくられましたが、生息環境を調査する「上級編」のマニュアルにもなっています。

コラム 魚の標本のつくり方（中村聡一）

とった魚は放流することが原則となっていますが、観察会の目的が、魚を標本として保存する場合もあります。その場合は、目的をはっきりとさせて、できるたけ命の無駄がないようにしなければなりません。

標本には「乾燥標本」と「液浸標本」があり、ほとんどの魚は液浸標本で保存されます。標本の固定、保存に用いる液体はホルマリンやアルコールが一般的です。ここでは、個人でもできる固定標本のつくり方を説明します。

標本には、個々の魚の採集年月日と採集場所を記録しておかなければなりません。これがないと標本としての価値がありません。それには、一個体ずつ別々のビンに入れたり、魚ごとにタグを付けたりして個体識別ができるようにして、必要事項は別に記録するのが一般的となっています。

まず、ホルマリンで固定する場合は、魚体の表面のぬめりをよく洗って取り、魚の容量の一〇倍量の一〇パーセントから二〇パーセントのホルマリン溶液につけます。二日から一週間して標本が固定されたなら、魚体重の一〇倍量以上の保存用のホルマリン溶液に移します。溶液の濃度は、成魚なら一〇パーセント、二センチメートル以下の小さい魚の場合は五～七パーセントが適当です。固定液のままで保存することもできます。また、展示用に鰭《ひれ》を立たせてきれいに見せる標本をつくる場合は、木製やゴム製の標本板に虫ピンなどで鰭を広げた状態で固定し、筆でホルマリン原液を鰭とその付け根に塗って、十分固まってから上記のホルマリン固定液につけます。

アルコール固定の場合は、魚体の処理は同じですが、魚の容量の一〇倍量の八〇パーセントエチルアルコール溶液につけます。一週間して魚体が固定されたなら、魚体の一〇倍量以上の保存用のアルコール溶液に移します。溶液の濃度は成魚なら八〇パーセント、二センチメートル以下の小さな魚の場合は六〇から七〇パーセントが適当です。

アルコール固定では標本の色落ちが激しい（漂白されやすい）ほか、標本の収縮が大きくてしわができたりします。それに、アルコールは蒸発しやすいので保存用の溶液の管理がホルマリンに比べて重要となります。しかし、ホルマリンは毒物に指定されているので、とくに廃液の処理が面倒なことや臭いがきついといった短所があります。どちらも一長一短ありますが、個人レベルではアルコール固定標本のほうをおすすめします。

うおの会が行っている調査

うおの会では、誰でも参加できる「だれでも・どこでも琵琶湖お魚調査隊」の調査活動を行っています。この調査をしたい人や観察会で調査をしてみようという学校や団体に、前述したガイドブックと魚の簡単な鑑別法を図示した下敷き、そして調査票をセットにして配布しています。多くの場合、うおの会の会員が観察会の指導に出掛けています。

うおの会の会員による調査は、「いつでも」、「どこでも」がモットーとなっています。毎月一回行われる定例調査のほかに、一人もしくはグループでの個別調査を実施しています。個別調査でも調査マニュアルに従っており、都合のよい日時と場所で行っています。調査の結果は、うおの会の事務局に提出することになっています。

調査の内容を、ガイドブック『さかなとりの楽しみかた――調査のしかた・魚のみわけかた』に従って説明します。調査票はチェックシートになっています。記入者の名前、日時などを記入したら、調査場所の環境を記入していきます。どんな場所か、流れ、川や水路の構造、底質、川幅、水深などについて、調査表にあるような項目から選んでチェックをつけるのは前項で述べたとおりです。また、環境調査には特別な道具を使わず、タモ網がメジャーの代わりをし、輪ゴムや枯れ葉で流れの表面流速を測ります。

環境調査が終わったら、とれた魚の名前調べです。初級編では二六種に限定しています。バケツに入れたとき、あるいは川のなかで、浮いて泳ぎ回る魚か、底でじっとしている魚か、さらに、細長いか流線型か、ヒゲのあるなしなどをフローチャートに従って名前を調べていきます。ガイドブックには、一般の図鑑と違って滋賀県でとれる魚しか掲載していません。ですから、写真を見ただけで、魚についてあまり知らない人でもとれた魚の名前が分かるようになっています。

初級編の調査は各種団体や学校が行う観察会で主に行われるため、うおの会の会員が指導員になっていたり、魚について詳しい人が参加したりしていますので魚の同定に誤りがほとんどありません。ゆえに、小学生の採集するデータでも十分に科学的な分析に使えます。

ところで、初級編と上級編のデータを分析してみるとおもしろいことが分かりました。どういうことかと言うと、上級者は魚のいない所を知っているため、そこではあまり調査をしません。また、珍しい魚をとろうとするので無意識のうちにデータの偏りができてしまっていたのです。しかし、初級編ではこのような偏りがありませんでした。

二六種の魚を区別すればよかった初級編に対して、上級編ではきちんと魚を区別する必要があります。その場で魚の名前が分からない場合は、魚を持ち帰り、「淡水魚類の図鑑」や「魚類検索」などの専門書を利用して調べることになります。それぞれがどういうものかを説明しましょう。

淡水魚類の図鑑の利用――標本や撮った写真から種の同定を行うのであれば、図鑑を利用するのがいいです。何種類かの本が市販されていますが、そのなかでも、日本に生息する淡水魚類のほぼ全種を掲載している『日本の淡水魚』（山と渓谷社、一九八九年）がおすすめです。それ以外にも、『淡水魚』（森文俊・内山りゅう著、山と渓谷社、二〇〇六年）や『川魚完全飼育ガイド』（秋山信彦・上田雅一・北野忠著、マリン企画、二〇〇三年）、『原色日本淡水魚類図鑑』（宮地伝三郎・川那部浩哉・水野信彦、保育社、一九七六年全改訂)、『原色淡水魚類検索図鑑』(中村守純著、北隆館、一九六三年)もありますので利用して探してみてください。

しかし、写真や図だけでは個体ごとに形や色が異なること、また近縁種が何種かいる場合には(たとえば、フナ類やヌマムツとカワムツなど)それらの間で比較を行ったうえで種を同定することになるため、図鑑だけでは難しいこともあります。そのような場合には、次に挙げる「魚類検索」を利用することになります。

魚類検索の利用——正式な手順で魚種の同定を行うのであれば、『日本産魚類検索——全種の同定』(東海大学出版会、二〇〇〇年)という本を利用します。この本では、外部形態などの特徴からその魚が該当する「科」および「属」を探して、それらから種を探し出すという方法

中坊徹次編、東海大学出版会、2000年

川那部浩哉・水野信彦・細谷和海編・監修、山と渓谷社、1989年

で種の同定ができます。多くの研究者がこの本を用いて魚種の同定を行っていますので、この方法がもっとも正確な方法であると言えます。とはいえ、本の値段が高いことや情報量が多いために、該当する種を探し出すという一連の作業に慣れるまでにかなりの時間を必要とします。

右に挙げた手法は、どちらも個人で魚種の同定を行う場合のものです。しかし、どちらの手法を用いても種が同定できなかったり、まちがった同定をしたりしてしまうという可能性がありま す。そこで、魚の写真や標本をとっておけば、それらを博物館などに持ち込んで専門家に教えてもらうこともできます。珍しい魚や見たことのない魚がとれた場合には、個人で種の同定を行うだけでなく、専門家の意見も聞いて自らの知識を増やすようにしましょう。ひょっとしたら、新たな発見につながることもあります。

うおの会の定例調査

うおの会では、設立当初からほぼ月一回のペースで定例調査を実施してきました。定例調査とは、うおの会のメンバーが決まった日に決まった場所に集まり、その日の決められた調査範囲内で魚類調査を行うというものです。現在は、毎月第三日曜日が定例調査の日と決められています。当初はあまり調査が行われていない地域で定例調査をすることを目的として行っていましたが、滋賀県内はほぼくまなく調査が終わってしまいましたので、現在は会員のスキルアップが主な目的となっています。参加対象はメンバー全員ですが、毎回必ず参加しなければならないというわけではなく、その日に参加できる人だけで行っています。この定例調査が、実質的なうおの会の活動の柱となっています。

定例調査では、まず参加者全員をいくつかのグループに分けて、そのグループごとにそれぞれの場所で調査を行います。もちろん、各グループごとにリーダーを置き、リーダー同士が話し合って、その日の調査範囲のどのあたりを調査するかを決めます。決まった範囲内を各グループが一斉に調査するわけですから、すべてのグループが、水がきれいで魚がたくさんいそうな「恵まれた地点」で調査ができるとはかぎりません。場合によっては、ドブのような悪臭が漂う水路やゴミだらけの汚い川で調査をしたり、ハシゴを下ろさなければ川に入れないような所で調査をするという場合もあります。

このような所は、趣味で魚つかみに行く場合には絶対に入らない場所です。「こんな場所に魚なんているはずない」と思ったり、「こんなにしんどい思いをしてまで魚をとりたくない」と普通の人は見ただけで敬遠してしまうような所ですが、うおの会の定例調査では「魚がいなかった」という確認もとても重要なデータとなっているのです。

このような場所での調査は、たいてい第一印象どおりに魚がいなかったという確認に終わってしまいますが、ときには思わぬ発見をすることがあります。ドブのような川に驚くほど多くの魚がいたり、ゴミのなかから珍しい魚が見つかったりと、定例調査でなければ確認できなかった発見がこれまでにいくつもありましたので、「恵まれない地点」も避けるわけにはいかないのです。

こんなこともありました。幅が二メートルほどの水路での調査のときのことです。流れはあるものの三面コンクリート張りで底には砂や泥もなく、水深も一〇センチほどしかありませんでした。そのうえ、水草もなければ水路に覆いかぶさる木の枝もありませんでした。当然、魚の姿はまったく見えません。言ってみれば、魚つかみであれば絶対に入らないような水路でした。水路のなかを一〇〇メートルほど移動しても状況が変わらないので、あきらめて上がろうとしてふと見ると、水路の真ん中に大きな石が一つ顔を出していました。何気なくタモ網を下手に構えてその石を蹴ってみたら、何と二〇センチを超える、滅多にお目にかからないような大物のドンコが網に入ったのです。

また、別の水路では、水が干上がっていて「こりゃ調査どころではないな」と思いつつも何気なく湿った泥をすくったらドジョウが出てきたり、底に積もっている落ち葉のなかからメダカが出てきたりしたこともありました。これらのことは、定例調査でなければ味わえなかった「驚き」と言えます。

ある年の定例調査において、守山市を流れる法竜川の上流から下流までを一年間にわたって定点観測を行いました。この川は町中を流れるごく普通の川でしたが、年間を通してみると、季節ごとに魚が川のなかを大きく移動していることや、季節によって姿を現したり、逆に消えたりする魚がいることが分かりました。こういう経験を重ねたことで、魚がいる場所を見分ける目がずいぶん養われたように思います。

定例調査は、魚つかみが上達する絶好の機会でもあります。うおの会のメンバーのほとんどが魚の専門家ではありませんし、普段は魚と無縁の生活を送っているのですが、長年魚つかみをしているうちにメンバーそれぞれに何らかの得意分野ができてきました。釣り好きな人、投網《とあみ》が上手な人、渓流での魚つかみを得意とする人、水草に詳しい人、貝に詳しい人などです。これらの強者《つわもの》たちが集まるわけですから、一緒に調査することで魚つかみのさまざまな「技」を見聞したり、知らなかったさまざまな情報を得ることができます。

これらは、一人で魚つかみをしていては絶対に身に着かない、定例調査ならではのものばかりです。また、同じ場所を調査していても、人によってとれる魚が違うことがありますが、そんなときは、たいていとり方やとるポイントが微妙に違っているものです。このように、自分にないノウハウも複数人で同じ場所に入ることで得られるのです。

コラム 「うおの会」の愛すべき男たち魚《ぎょ》ちゃん――定例調査裏話（石井千津）

最近でこそ「鉄子」や「歴女」などという女性マニアの登場が活発になってきましたが、昔から「マニア」と呼ばれるのは圧倒的に男性です。うおの会も例外ではなく、会員の九割以上が男性です。数少ない女性会員の一人から見た、彼らの生態について少しご紹介したいと思います。

定刻に行くとほぼ遅刻——私がうおの会に入るきっかけとなったのは、近所の川で見た魚でした。魚の名前を聞くためにうおの会に出向いたところ、「活動に参加して自分で調べたらよい」と言われたので入会することにしました。そして、定例調査に初参加の日、引っ越してきたばかりで、「地図が読めない女」の代表である私は、前日に道路地図とにらめっこをし、もっとも確実なルートを選んで早めに出掛けたのですが、案の定、最後の交差点を曲がりそこねて通りすぎてしまい、Uターンをするというミスを犯してしまいました。それでも、五分くらいの遅刻でしかありませんでしたが、私が集合場所に着いたとき、私を待っていた一人の男性以外は全員がすでに出動していました。それ以後、何度も調査会に参加して分かったことは、うおの会の定例調査での集合時間とは調査に出発する時刻であり、集合時間前に到着しないと遅刻になるということでした。

会員の多くは、少なくとも三〇分前には集まって当日の場所や川の状態などを調べていますし、一部の会員は集合時間前にすでに二、三か所の調査を終えています。そして逆に、終了時間のほうは男性たちが遅刻して戻ってきます。みんな、魚の顔見たさに遠くまで行ったり、長時間網を振り回したりするため、終了時間に集まるのはほぼ半数でしかありません。

車は移動物置——当たり前のことですが、うおの会の男性たちは魚好きです。そのため、彼らの車の中には魚つかみや飼育に必要なさまざまなものが積んであります。釣竿、網やウェーダーはもちろんのこと、いろいろなサイズの容器、カメラ、エアーポンプなどでトランクはいっぱいです。実際、多くの会員たちは家に水槽をもっていて、採集した魚を飼育しています。小さすぎて種類が分からない場合やどんな魚の卵であるか分からない場合は飼育が非常に有効な手段であるとは思いますが、本当は、彼らは単純に魚を飼いたいだけなのだと思います。

千里の道もなんのその、花も嵐も乗り越えて――滋賀県というフィールドは環境に恵まれていて、多くの魚が生息しています。固有種や貴重種も数多くいるため、魚好きにとっては一種あこがれの場となっているようです。そのため、彼らは遠くから（京都、大阪は当たり前、名古屋や神戸在住の会員も）月一回の定例調査に集まってきます。悪天候だって気にしません。多少の雨ならば調査は決行、台風や豪雨でもわずかな望みを抱いて集合場所に彼らは集まってくるのです。雲の動きを調べ、実際に流れを見に行ったり、川を用水路に変更したりと、水に入るためのあらゆる努力を惜しみません。

家族サービスも忘れない――会員の年齢層は幅広く、幼稚園児から定年を過ぎた人までまんべんなくいます。そのなかの壮年の男たちは、熱心な会員であると同時によき夫、よき父でもあります。子どもに対するサービス、あるいは妻に対するサービスでしょうが、定例調査に子連れで参加することもあります。そういうときの彼らは、自分自身のはやる気持ちを抑え、子どもに魚つかみの楽しさを教えようと精いっぱい頑張っています。ときには、すでに飽きてしまった子どもを何とかして引き止めようと涙ぐましい努力をしています。そのこともあってか、多くの男たちは子どもたち相手の観察会でよき指導者となります。決して、子どもたちとレベルが同じだからと言うわけではありません。

一種類でも多く――うおの会の定例調査では、参加者をいくつかのグループに分けて調査を行っています。男たちはみなたくさんの種類の魚をつかまえたいと思っていますから、場所の選択は重要な問題となります。多くの場合は、以前の調査結果、あるいは個人的な調査の情報で場所を選択します。最近はグループごとに事前調整を行うようになりましたが、それでもたいした獲物にめぐりあえなかったグループは魚を求めて放浪することになります。その結果、同じ場所で複数のグループが鉢合わせをする、あるいは同じ場所に時間差攻撃をかけるなどという事態が発生することがあります。それもこれも、一種類でも多くの魚を見たいという男たちの熱い思いの結果なのです。

うおの会の調査で得られた情報は蓄積されるので、琵琶湖およびその周辺河川における魚の生息情報は年ごとに詳しくなっています。したがって、うおの会の活動は、多くの男性たちにとっては趣味と実益が一致したものと言えます。研究のためという免罪符をもって、うおの会の「魚《ぎょ》っちゃん」たちは今日も張り切って調査に出掛けています。

近所の水辺に何がいる？

魚を観察する日を特別な日だと感じていませんか。決してそんなことはありません。家の周りに水のある所はありませんか。よく散歩に出掛ける公園に池があるとか、通学の途中や買い物に行くときに橋を渡るとか、近所に田んぼがあるとか、このような場所にも魚は棲んでいるのです。「都会だから池のコイぐらいしか見ない」ということもあるかもしれませんが、「こんな所にこんな魚が」ということもあります。

私たちが活動している滋賀県では、田んぼ脇の水路はもちろん、町中の大きなショッピングセンターの横にある水路でもアユを見かけることがあります。また、町中を走るドブ川とも言える川でさえ、よく見るとザリガニはもちろんのことヨシノボリやオイカワを見ることができ

橋の上から見た町中の川の様子（撮影：石井千津）

ます。たとえ魚が見つからなくても、何かが棲んでいるかもしれないのです。一度、水のなかをのぞいてみたらいかがでしょうか。

見つけるのが一番簡単なのは、活発に泳ぎ回る魚の群れです。そのような群れは、水が動いたりウロコが光ったりするので見つけやすいのです。とくに、太陽が出ているときは、アユやオイカワなどの魚の体がキラキラと光ってよく目立ちます。

あまり動かない魚や寒い時期に魚を探す場合にはコツが必要となります。魚もほかの動物と一緒で、あまり人に見つかるような所をウロウロしていません。それに、水面に影が映るとすぐ隠れてしまいます。ですから、まず魚を探す場合はそっと近づくことです。活発に泳ぎ回っていない魚は、自分の好みの場所、たとえば水の流れ込む場所、草などの陰、橋の下などの暗い所、石の下などでじっとしています。

たとえば、ヨシノボリのようなハゼ科の魚は、川底の石の隙間から顔だけを出していたり、コンクリートの壁に張り付いていたりします。肉眼ではちょっと見つけにくいのですが、そのときに役に立つのが双眼鏡です。双眼鏡は、速く泳ぐために肉眼では種類が分からない場合にも使えます。肉眼で見えている場合は、魚の行動範囲に見当をつけて目印となるものを探し、そこに双眼鏡の焦点を合わせて魚が通りかかるのを待ちましょう。

肉眼で見えない場合は水底に焦点を合わせましょう。何もいないと思ったのに、底に魚がじっとしていることがよくあります。そんな魚を見つけると、なんだか「見ーつけたっ！」と言いたくなります。

魚は時期によって移動するため、一度見て何もいなかった場所でも別の日に見かけることがあります。コイやナマズなどは産卵時期に川をのぼって浅瀬に来ますから、ある朝、突然ナマズやコイに出くわすかもしれません。散歩に行くときは双眼鏡をポケットに入れて、水がある場所に行くたびにのぞき込むようにしましょう。

うおの会の調査票には「目視での魚の観察」という項目があり、タモ網を使わない双眼鏡での魚つかみも立派な調査データとして集計しています。

決まった場所を調べる

一九九八年から二〇〇二年にかけての第一次調査で、滋賀県内のどこにどんな魚が生息しているかが分かりました。さらに、季節が変わり、環境が変われば生息魚種や個体数などがどうなるのか、外来魚の増減、移動によって在来魚にどう影響するのか、魚にとって理想の川とはどんなものかなどについても明らかにするために、定点を決めて継続調査を行うことにしました。それが、先ほど少し紹介した法竜川の定点調査です（一一五ページ参照）。

法竜川は琵琶湖博物館に近い守山市内を流れる河川で、以前は野洲川の伏流水からのいくつもの湧水を水源とし、分岐や合流をしながら琵琶湖に流入する自然河川でしたが、現在は地下水をポンプアップし、年間を通じて一定流量のある整備された水路として灌漑用に活用されています。整備されたとはいえ、水路は網の目状に分岐や合流をしています。その流路には複雑で多様な水環境があり、多くの在来魚種を見ることができます。

全県調査のときに、比較的魚種が豊富で採集頻度も高かった法竜川水系の二〇地点を選んで調査定点としました。定点を継続的に調査するのですから、個々の調査に差異があってはなりません。そのため二〇〇三年二月から四月までを準備期間とし、調査マニュアルを検討し、会員への調査方法のトレーニングを行いました。その後、五月から翌年の五月まで月一回の調査を実施しました。

毎月第四日曜日を調査日にして、各月ごとに調査員を五グループに編成し、各班による四か所の調査を実施しました。その際、月ごとにグループのメンバー構成を少しずつ変えたのですが、それは思い違いによる調査方法の差異をなくすためです。各グループとも一名が記録係になって記

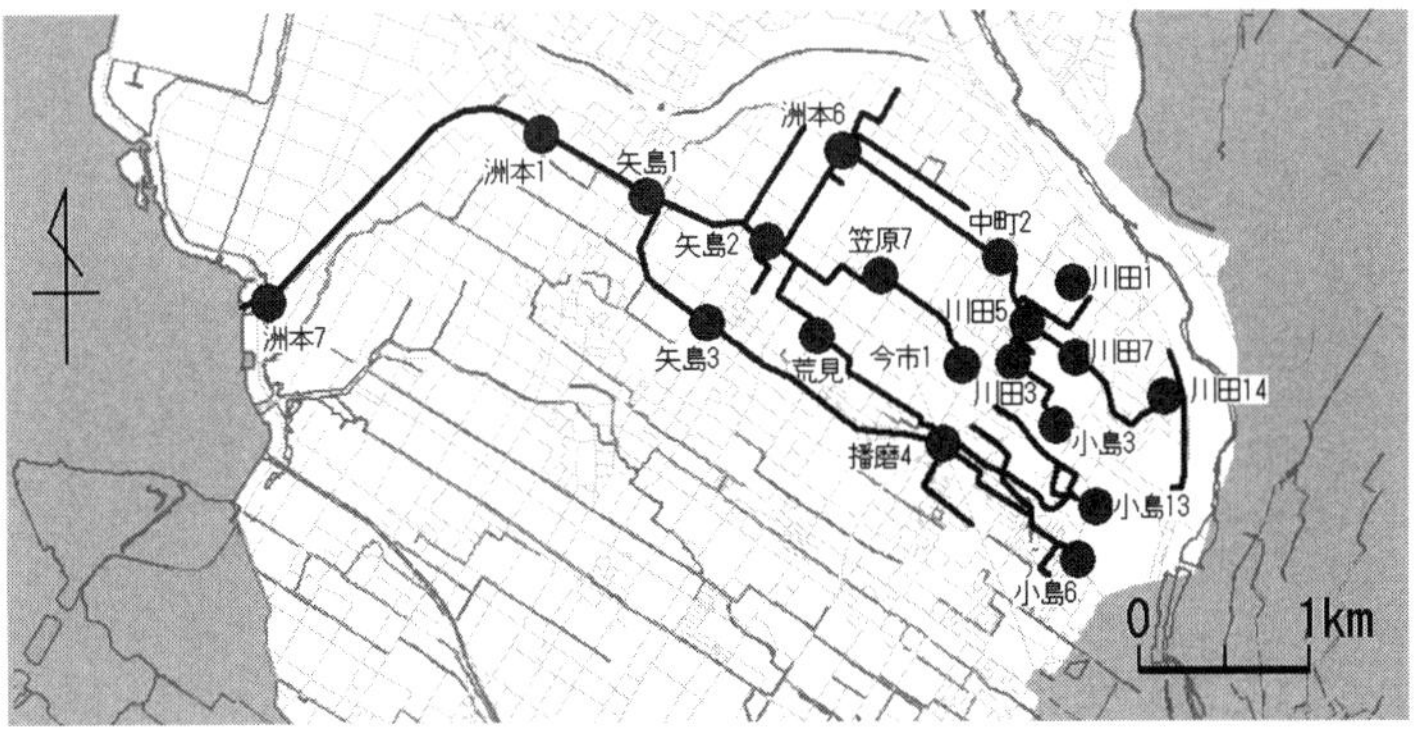

図３－１　法竜川調査定点（出典：村上靖昭ほか、「法竜川調査の報告」2005年）

録に専念し、そのほかのメンバーが調査を担当しました。

調査は、環境調査と魚の採集とに分担して行いました。採集方法は投網《とあみ》を一回から数回打ち、その後三〇分間（三人であれば一〇分間）タモ網で採集しました。その項目は、日時、天候、雲量、気温、水温、流速、水位、透視度、底質、水生動植物、そして採集した魚の種名、体長、個体数です。採集した魚は魚種の同定をみんなで行い、それぞれの体長を計測してからすべてを放流しました。

様式を定めた用紙に各項目を記入し、水生植物など特定の分布を示す必要のある場合は定点詳細図に記入し、その調査結果は計算処理ソフトで集計、解析しました。また、地理情報分析支援システム（ＧＩＳ）で流域地図上に図式化しました。

このような調査を一年間つづけたわけですが、そこの調査結果と分析結果の概要については、第４章で述べることにします。

石がゴロゴロしている上流での調査

これまで述べてきたように、調査や魚つかみはさまざまな環境で行うことができます。ここでは、実際に人が水のなかに入って行う、難しい場所での魚つかみの方法について具体的に説明をしていきます。

川の上流には大きな石がたくさんあります。上流では石がじゃまをして、タモ網を置いても底にすきまができて魚を追い込んでも魚が逃げてしまいます。まず、タモ網を置きたい所を、足を使って平らにします。そのときに気をつけることは、素早くそれを行って魚が逃げないようにすることです。こうすれば底にタモ網が収まり、逃げ道がなくなるわけです。

同時に、水流のことも考えてタモ網がしっかりと開くようにしてください。そして、川上より足でタモ網に魚を追い込んでいくのです。もし、このときに動く石があればひっくり返して、素早く足でタモ網に追い込むとアカザやカジカなどの魚をつかまえることもできます。

また、このような場所では、石の間に魚が逃げ込んで出てこないことがあります。そのようなときは、昔から「つかみ」と呼んでいる方法

大きな岩がゴロゴロしている川の上流（撮影：手良村知央）

でつかまえることができます。すべらないように軍手をはめて、魚が逃げ込んだ石に直接手を突っ込んでつかまえるのです。その石の出入り口が一か所なら、両手で直接狭めるようにして魚をつかみます。出入り口が数か所あるときは、魚が入り込んだ所をのぞいて片手もしくは足でふさぎます。そして、先ほどと同じように逃げ込んだ所から手を突っ込むのです。魚はうしろに進むことができませんから、頭からつかむようにすることがポイントとなります。

両岸がヨシや水草などの植物で覆われている場所も、魚つかみをするのが難しい場所です。魚がすぐに植物の下に逃げ込んでしまうのです。こんな場所で、どのように魚をつかまえるかを紹介しましょう。

タモ網を入れて足で追い込んでも魚の逃げる所が多すぎてつかまりません。そこで、植物の周囲を踏みつぶしながら少しずつ岸側に狭めるように足で魚を追い込みます。このときに、大胆に砂ごと濁らすようにすることで魚は岸に集まります。そして、タモ網を岸側に置いて、いつものとおり足で魚をタモ網の中に追い込んでつかまえます。このように、魚つかみが難しい場所でも工夫すれば楽しむことができるのです。

雨の日の調査

雨の日は外へ出たくないものです。でも、魚たちは水のなかの生き物であり、むしろ適度な雨は魚を元気にする場合があります。とくに、コイ、フナ、ナマズなどは、春から初夏に雨が降って琵琶湖や周辺の水路が増水したときに活発に産卵を行うことで知られています。雨の日に出掛ければ、思いがけず命が誕生する瞬間にめぐりあえるかもしれません。その記録が貴重なデータとなるだけでなく、魚の産卵を見られることこそ雨の日の調査の醍醐味と言えます。

もちろん、大雨の増水時に川へ出掛けることは控えましょう。繰り返しになりますが、たとえ現場が小雨であっても、上流で大雨が降っているとあっという間に増水することがあります。空に黒い雲が現れたり、水が急に濁ったりすれば危険信号、すぐに川から上がりましょう。雨の日には必ず複数で行動し、周囲の変化に気を配る心の余裕や、いざとい

雨の日のコイの産卵（撮影：中尾博行）

うときにすぐに退避できるルートを確保しておくことが大切となります。

雨の日の調査では装備も重要で、ウェーダー以外に、上半身用としてカッパが必需品となります。カッパの裾《すそ》をウェーダーに入れてしまうと雨水が流れ込むので、ウェーダーの上から着込むようにしましょう。また、記録をとる場合は耐水性のノートに鉛筆で書き込むようにし、防水性のデジタルカメラがあれば、雨の日にかぎらず魚つかみには最適なものとなります。

コイ、フナ、ナマズなどの産卵を見るのであれば、三月から六月ごろに水田地帯へ出掛けるといいです。滋賀県で言えば、湖東地方や湖西北部の平野部でよく見かける、一面に田んぼが広がっているような地域です。場所選びのポイントは、琵琶湖からそう遠くない所です。前日までの雨が弱まったり、小雨や雨上がりの日を選んで、水田地帯に縦横に張りめぐらされた水路のうち、幅が広すぎず、流れが速すぎず、水深が数一〇センチメートルまでの浅めの水路で観察します。

魚がいることに気づくきっかけとなるのは、多くの場合が音です。魚が水路を遡上していたり、産卵したりしていれば、バシャバシャと大きな水音が聞こえてきます。音のするあたりを観察すればきっと魚がいるはずです。ナマズは主に日没後、コイ、フナは夜から朝にかけて産卵することが多いようです。

余談ですが、この時期の雨の夜の田んぼはカエルの合唱で大変にぎやかとなります。カエルの鳴き声を聞き分けてみるのもまた楽しいものです。

雨の日にこそ観察に出掛けたい所が、滋賀県が農家と協力してすすめている「魚のゆりかご水田」です。ここでは、琵琶湖の魚たちが産卵するために水田に上がりやすいよう、水路に小さな堰をいくつも設けた魚道が設置されています。雨が降ると水路に水が流れて、魚が産卵のために堰を越えていく光景を見ることができます。雨の夜に堰の横でじっとたたずみ、写真のようなナマズの豪快なジャンプを観察することもできます。魚たちは命を残そうと必死です。くれぐれも、じゃまにならないようにそっと見守りましょう。

真冬の調査

冬の川は見るからに寒そうで、魚などいそうにもありません。水温は摂氏四度以下になることもあり、まさに身を切るような冷たさです。しかし、魚たちが消えていなくなってしまったわけではありません。どこかに隠れているのです。魚の分布や生態を調べるうえでも、冬に魚がどこで何をしているのかを調べることは重要な作業となります。魚が密集している分、場所さえ見つければ大量に採集できることもありますので、ぜひトライしてみましょう。では、そ

水路を上るナマズ（撮影：中尾博行）

魚のゆりかご水田（撮影：中尾博行）

の場所とはいったいどこなのでしょう。

最初に、暖かい所を探します。代表的な場所は、水が湧き出ている所です。山に囲まれた滋賀県では、周囲の山に降った雨が湧き出してくる場所が平野部のあちこちにあります。このような場所は、普通に流れている川や水路よりも水温が高く、冬になると川の本流や周辺の水路から魚が集まっていることがよくあります。また、人の影響によって水が暖かい場所もあります。「温排水」と呼ばれる工場や下水処理場からの排水が流れ出ている所です。温排水のある場所は、冬の寒い日に湯気が発生していることが多いのですぐに分かります。

次に「物かげ」です。通常の魚つかみでも草や石の下を狙いますが、寒い時期はその傾向がより強くなります。変温動物である魚は寒さとともに活動が鈍るので、物陰でじっとしているほうが安全に冬を乗り切ることができるのです。

冬によく採集される魚もいます。その代表がワカサギで、琵琶湖にはもともといなかった外来魚です。余呉湖での釣りが有名ですが、琵琶湖にも生息しており、流入河川の河口部や内湖で採集されることがあります。食べるととても美味しい冬の味覚なので、探してみてください。

冬の調査にのぞむ際は、装備を万全にしなければなりません。ひとたび濡れてしまうと大変なことになります。基本は通常のウェーダースタイルですが、下半身の保温は、登山やスキーで使うアンダーウェア、靴下などが役立ちます。手はどうしても濡れてしまいますが、作業服店や釣具店で売られているネオプレン製のグローブを着用します。もっとも手が冷たく感じるのは水中

冬の調査風景（撮影：うおの会）

寒さをしのぐために、水草の下に密集するオイカワ（撮影：中尾博行）

から手を引き揚げて風にさらされたときなのですが、このグローブを使えばほとんど気になりません。この下に、手にぴったりフィットする台所用の薄手のゴム手袋を重ねて使う人もいます。

雪の積もった河原はゴミや雑草が消え失せ（あくまで見かけ上ですが）、とてもすがすがしい気持ちになります。防寒対策をしっかりして、冬の寒さのなかでもたくましく生きている魚たちに会いに行ってみましょう。

コラム　ワカサギの赤ちゃんを飼いたい（手良村知央）

うおの会の有志でつくる「わかさぎくらぶ」では、厳冬期の川に産卵にやって来るワカサギを採取しています。全長一二センチメートルを超えるワカサギは、銀色の美しい姿をしています。採取した数尾のワカサギは、屋外に設置した水槽で第二の人（魚）生を送ることになります。

このワカサギの卵から孵った仔魚を飼育しようと、試行錯誤を繰り返して取り組んでみました。春が近づき水温が高くなると、仔魚の生存率が低くなってしまいます。採取時の河川の水温は一〇度程度、暖かい春の日は、屋内の水槽は二〇度近くになることがあります。水温を下げて冷水を保持する装置を設置するなど、試行錯誤を繰り返したのです。

まず、熱伝導率のよい銅管とシリコンチューブを組み合わせて簡易の熱交換器を製作しました。これを小形冷蔵庫の中に入れ、水槽からくみ上げた水を冷やすようにしましたが、熱交換器の面積が小さくて失敗に終わりました。次に、エアーチューブで冷蔵庫の中の空気を水槽に送り込んでみましたが、冷却効果はあったものの家族のクレームなどでこれも断念することになりました。

そんなとき、家電売場で簡易温冷庫に出合ったのです。扉に大きな窓がついていて、ペルチェ素子を使った熱交換器(1)を搭載しているために温度設定ができるようです。これなら、外気温から一〇度は下げることができます。ただ、気になる点が一つあって、温度制御が電子制御のために停電などで電源が切れたあと自動復帰ができるかどうかを確認する必要がありました。それで、家電売り場で動作確認したあとに購入しました。そして、ようやく、小型の水槽に小型の水中ポンプと自作の上部フィルターを装着して、温冷庫内で飼育水槽を立ち上げることができました。

いいかげんな装置にもかかわらず、ワカサギを冷水で飼育することに成功しました。その後、水槽の主も姿を消してしまったので、大きな濾過用フィルターを使用できるように大幅に改良を施すことにしました。折しも、初夏を迎えて室内の水温は三〇度に近づこうかというときです。覚悟を決めて簡易温冷庫の側面にドリルで穴を開け、プラスチックパイプを取

(1) 二種類の金属の接合部に電流を流すと熱が移動するというペルチェ効果を利用した、冷却電子部品のこと。

り付けました。温冷庫内に飼育水槽を置き、外部に設置した外部フィルターと接続し、冷水を循環、濾過することに成功したのです。

実験のため、庫内には水温記録用の温度計を設置して最高水温が記録できるようにしたうえで、川の上流部の冷水域に棲む魚を採取して持ち帰り、試験飼育をはじめました。水温が低いので飼育水槽には酸素が多く溶存しており、外部フィルターから送られてくる給水チューブにシャワーパイプを取り付けて水面を揺らすように配慮しました。これによって庫内の風が水面にあたり、水が蒸発する際に吸収される蒸発潜熱で水槽を効率よく冷却することができたのです。

ただ、毎日のように庫内に結露した水がたまるため、エサをやるときにたまった水を取り除く必要があります。最高水温を計測記録した結

完成した冷水水槽（撮影：手良村知央）

果によると、夏の最高水温が摂氏二四度程度であったため、直射日光のあたらない比較的風通しのよい場所に設置すればもう少し温度を下げることができそうでした。その間、混泳できない魚を飼育する場合として、庫内の水槽を上下二段にしてみたり、庫内の出っ張りを取り除いて大きめの水槽を入れてみたりと、さまざまな飼育方法を試すことができました。

手近な器具類を組み合わせた自作の冷水飼育システムですが、冷水域の魚を飼育することが可能であることが分かりました。試験飼育をするうちに水槽の魚も慣れてきたようで、エサを与えるために扉を開くとこちらを振り返ってくれるので、魚とのコミュニケーションもとれているように思います。準備万端、次の「わかさぎくらぶ」が楽しみです。

この温冷庫はコンプレッサを使用していないため、夜間でも比較的静かに動作します。水槽の周りの結露は庫内で集めることができ、床を濡らすこともありませんでした。ただ、設置場所によっては温度が上がりすぎたり、魚が大きくなってくると飼育できなくなったりするという欠点があります。さらに、飼育期間は電気代が相当かかることになります。

私の飼育方法は人によって意見はさまざまでしたが、簡易的な方法でも冷水系の魚を比較的長期間飼育することは可能であることが分かりました。技術的にいろいろ面白い工夫もできるため、飼育そのものの目的のほかに、自分の技術をためす機会としてもいろいろ挑戦できます。結局、最初の取り組みから合計三台の簡易温冷庫を冷水用飼育システムとして加工し、いろいろなノウハウを得ることができました。

ちなみに、今回使用した簡易温冷庫は、側面上部に小さなパイプが二本取り付けられているだけなので、通常の簡易温冷庫として本来の使用方法に戻すことは可能です。ただ、メーカーの保証対象外になるのでおすすめはできません。

コラム　真夜中の調査（佐藤智之）

「魚が寝ている夜に魚つかみに行くぞ！」

一〇年ほど前、魚とりの達人に誘われて川へ行ったことで私の「魚つかみ人生」はよりいっそう楽しくなりました。仕事の帰りや休みの日は決まって魚つかみをしていた私ですが、これまで夜に行くことはなかったのです。ですから、魚が寝ている夜に魚をつかむことがどのようなものなのか想像もつきませんでした。

さっそく川に入ってみると、なんと本当に魚が寝ていたんです。とはいっても、実際に寝ているかどうかは分かりませんが、昼間と違って多くの魚が近づいても逃げません。ですから、面白いように手網ですくえてしまいます。たとえば、昼間はなかなか姿を現さないイワナの場合、物陰に隠れることなく石の上に横たわっています。また、田んぼの溝では、まるで先生に叱られて廊下に立たされている悪ガキの子どもたちのようにズラリとドジョウが泥の上に並んでいたり、ボテジャコの名前で有名なタナゴの仲間は、水面近くのコンクリート壁に寄り添ってフラフラと泳いでいたりします。

昼間は、こんなにゆっくりと泳いでいる魚の姿を間近で見ることはなかなかできません。夜中に魚つかみをすると、魚たちの泳ぎ方や顔の表情やきれいな模様をじっくりと観察することができます。魚の美しさにひかれて夢中になってしまい、ついつい魚に近づきすぎて水面に顔をつっこんで、びっくりしてしまうことも何度かありました。

私は、魚と一対一で過ごすこのような時間が大好きです。「そんなに油断していたらすくっちゃうよ」と魚にささやきながらも、タモ網ですくってしまう楽しみはやめられません。そんな楽しい夜の魚つかみをみなさんにも体験してほしいのですが、夜の水辺に入るときは昼間以上にたくさんの危険が待ち受けていますので注意が必要です。また、夜に懐中電灯を照らして

真夜中の調査風景（撮影：佐藤智之）

水辺に入るのですから、近くを通りかかった人や住民の方からすればとても怪しい人物に見えてしまうかもしれませんので、くれぐれも迷惑をかけないように気をつけてください。

コラム　水中観察（中尾博行）

近年のスキューバダイビング器材や水中用のデジカメの進歩には目覚しいものがあります。一般の人でも、難しいポイントに潜ったりしてプロ並の美しい写真が撮れる時代となりました。しかし、それは海の話で、琵琶湖では水も濁っていて、水中観察などはできないと思っている人も多いことでしょう。たしかに、琵琶湖の南湖や湖東側は濁っていることが多いですが、湖西や湖北には水のきれいな場所があります。川の湧き水が湧いている場所など、まるで空気中かと思うほど透明です（夏でも震えるほど冷たいですが）。何より、普段水面からのぞき込むと一目散に逃げ出す魚たちが、水中では向こうから近づいてくることがあるのです。「何かヘンなやつが来たぞ、ちょっと見に行ってみるか」というところでしょうか。ここでは、水中観察の入門編として、夏に水面に浮かんで観察する「スノーケリング」を紹介します。

最低限の装備として、スポーツ用品店に売っているマスク（鼻までおおう水中メガネ）、スノーケル、フィン（足ひれ）が必要です。以上を、通称「三点セット」と呼んでいます。

これに、マリンスポーツ用の長袖シャツ（ラッシュガード）やスパッツ、ブーツも必要となります。なるべく肌が露出しないようにして、石や岩によるケガや日焼けから体を守るようにします。

念のため言っておきますと、以上の装備は真夏で水温がおおむね摂氏二六度以上あるときのもので、これ以下になるとウェットスーツが必要となります。これら以外にあると楽しいのは、水中用のデジカメ、小魚やエビ類をとらえるための小さな網、とらえた生き物を入れるための虫かごや洗濯ネットなどです。

水に入るときは単独行動を避け、必ず複数人で互いの位置を確認しながら行動しましょう。夏、琵琶湖の湖面の水温は摂氏二八度まで上がって暖かいですが、二〜三メートルも潜ると水温が数度下がり、急激に冷たさを感じます。ウ

産卵のために川をのぼるハス（撮影：中尾博行）

ェットスーツなどの装備がない場合は決して潜らないようにして、浮かんで観察しましょう。

水中では、慌てず騒がずで、スノーケルを使って落ち着いて呼吸をして、魚を探します。一番難しいのは魚との距離感です。「間」とでも言いましょうか、近づきすぎると逃げられ、遠すぎると見えません。種類によっても、また個体によってもこの距離は違うので、相手の「表情」を読んで、なるべく近づいて観察しましょう。

向こうから近づいてくる魚の代表と言えば、外来魚のオオクチバスとブルーギルです。とくに、産卵期のオスはすごいです。潜っていると、オオクチバスに「どつかれ」ました。魚を眺めながら気持ちよく泳いでいると、突然、頭に衝撃が走ったのです。横を見ると、「怒り心頭」といった表情でオオクチバスがこちらをにらんでいました。オオクチバスのオスは卵を外敵から守る習性があるのですが、そこに不用意に近づいたために「怒りの一撃」を食らったというわけです。たとえ相手が人間であろうとも、わが子を守るために捨て身の体当たりをするオオクチバス。外来魚と言えども、子を守る親の気概に感心します。

石の多い場所にいるヨシノボリ類やヌマチチブなども、いつの間にか湖底に置いた手の上に乗っていたりしてかわいいものです。毛やホクロを突いたりするやつもいます。また、足の届く場所でフィンを使って湖底をかき回して砂や泥を巻き上げると、たちまちエサがお目当てのオイカワやウグイが集まってきます。太陽に照らされて魚がキラキラと光り、幻想的な光景となります。

水草のなかから何か視線を感じるときは、背後から大きなコイがこちらをうかがっていたりします。大型のコイはすぐに逃げたりせず、遠巻きに人間を観察しているかのようにも感じられます。動きもゆったりしていて、まさに淡水魚の王者の風格です。これらの魚は、じっとしていると人間を取り巻くように泳ぎ、じっくりと観察できますが、追いかけようとするとすぐ逃げてしまいます。

とくに逃げられやすく、観察が難しいのがアユ（コアユ）やフナ類です。フナなどはとても臆病で、目線を走らせただけですぐに逃げてしまいますし、琵琶湖に泳ぐコアユの群れは統率が取れていてつい見とれてしまいますが、やはりすぐに逃げていってしまいます。ただし、川のアユは縄張りをもって一定範囲を泳ぎ回っているので、比較的簡単に観察することができます。

夏、石の多い川で水が涸れはじめたころにできる「タマリ」は、本流から砂利でろ過された水が流れ込むためにとても透明度が高いです。滋賀県では湖東側の川でよく見られるタマリには魚がうじゃうじゃ集まっていて、水に入ると体の周りが「魚だらけ！」なんてこともあります。私もこれまでに、カネヒラ、アブラボテ、アユ、オイカワ、ヌマムツ、ヨシノボリ類、スジエビなどに囲まれ、どこに目を向けてよいか分からないという幸せな状況を味わったことがあります。

ハゼ類やスジエビなどは動きが早くないので、小さな網を水中に持ち込めばすぐにつかまえることができますし、水中写真の練習の被写体としても最適です。とはいえ、長時間じっとしているわけではないので、何十枚も撮って自慢できるものが一枚もあれば上出来と言えます。水中写真は、水槽写真とまったく違って、魚たちが生きる世界そのものを映し出すことができますので、ぜひチャレンジしてみてください。

水中の魚たちは、本当に生き生きとしています。彼らの生活の場に少しだけお邪魔をして、フィッシュウォッチングを楽しんでみてください。

アブラボテの群れ（撮影：中尾博行）

第4章

魚つかみから分かったこと

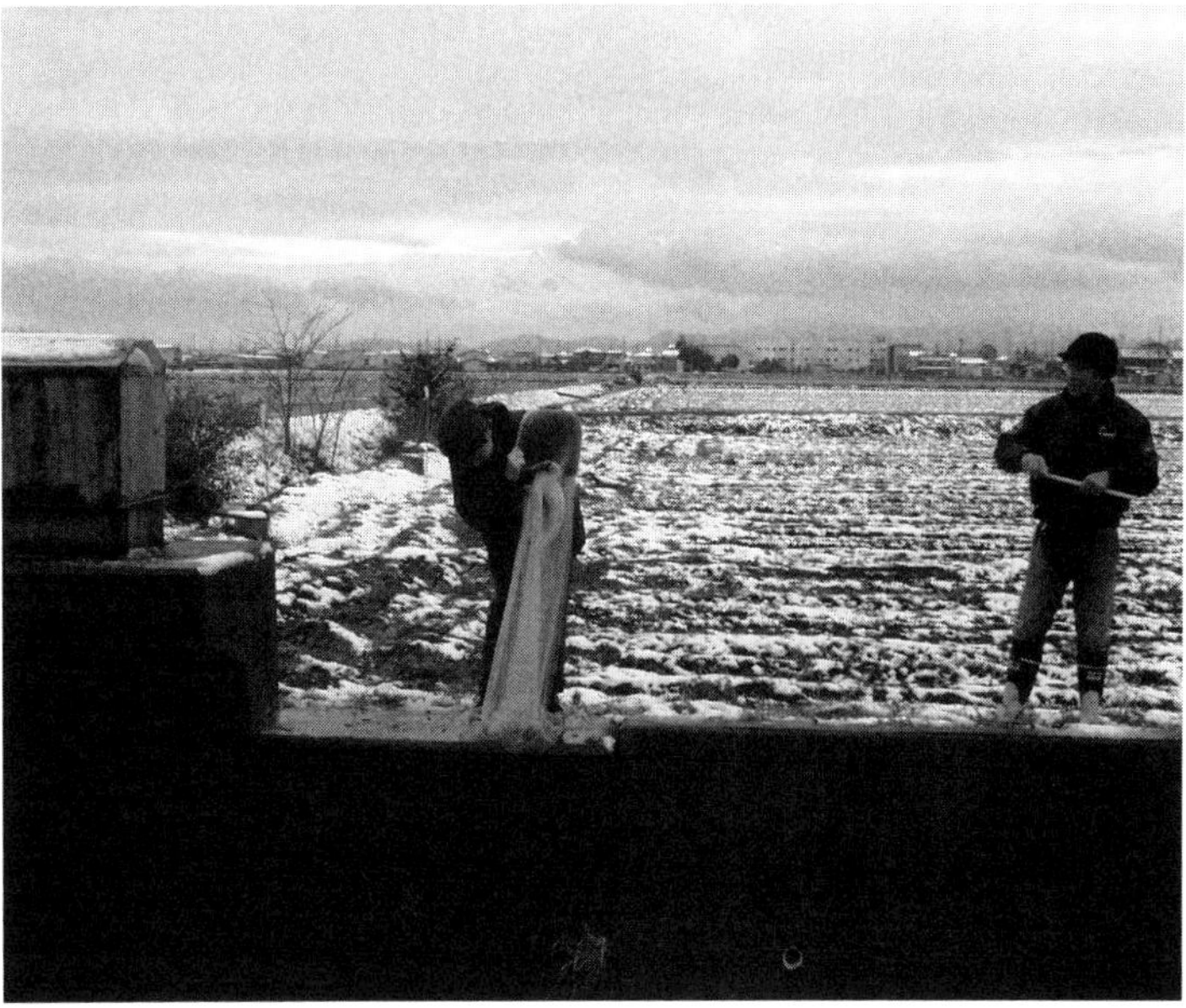

（撮影：中島経夫）

在来種がいっぱい

「うおの会」を組織して調査をはじめたきっかけは、団地のなかを流れる水路での発見でした。一九九〇年代の琵琶湖はオオクチバスやブルーギルでいっぱいで、どこの湖岸からもその姿が見ることができるような状態でした。ところが、団地のなかの水路で魚つかみをしてみると、ギンブナ、メダカ、タモロコ、ヌマムツ、トウヨシノボリ、ナマズ、アブラボテといった在来魚ばかりで、外来魚がまったくいなかったのです。

　これは、滋賀県中どこでもそうなのだろうか？　その疑問を解くために、滋賀県内の魚類分布調査をはじめたのです。その成果は、『琵琶湖博物館研究調査報告23号』や『琵琶湖お魚ネットワーク報告書』にまとめられました。

　ここではっきりと分かったことは、琵琶湖の

在来種がまだまだたくさんいるということでした。絶滅危惧種に指定されているメダカも、とれた魚の順では七番目でした。第３章で詳しく説明しましたが、うおの会では初級編と上級編の調査を実施しています。上級編と初級編のそれぞれについて、見つかった魚のベストテンを表にまとめてみました。上級編では、ブルーギルがやっと一〇位で、オオクチバスは圏外でした。初級編も同様で、カワムツとヌマムツを区別していなかったりいくつかの種類をまとめていることもありますが、外来魚の順位はブルーギルが九位で、オオクチバスは一一位でした。

琵琶湖のなかでは外来魚ばかりなのですが、琵琶湖の周りの川や水路ではまだ在来魚がいっぱいいるのです。本章では、上級編ベストテンの魚を紹介するとともに、その理由を少し考えてみることにしました。

表４－１　上級編および初級編のベストテン

	上級編	初級編
1位	ヨシノボリ	ゴリ（ハゼ類）
2位	ドジョウ	コイ科の仔稚魚
3位	カワムツ	カワムツ・ヌマムツ
4位	オイカワ	ドンコ
5位	ドンコ	ドジョウ
6位	オイカワ・カワムツ属仔魚	メダカ
7位	メダカ	フナ
8位	カマツカ	オイカワ
9位	ギンブナ	ブルーギル
10位	ブルーギル	ボテ（タナゴ類）

（注）本書冒頭の口絵で、これらの魚がどこに生息しているかを示した図（魚種別マップ——初級編）を掲載しましたので参照してください。

調査でよくとれた魚と生き物

ヨシノボリ

滋賀県で通称「ゴリ」と呼ばれるヨシノボリには、トウヨシノボリ、カワヨシノボリ、ビワヨシノボリがいます。うおの会の調査でとれたヨシノボリの大部分はトウヨシノボリで、琵琶湖の周りではどこでも見つかるハゼの仲間です。左右の胸鰭《むなびれ》がくっついて吸盤状になっています。滋賀でとれるハゼの仲間は、ヨシノボリ類のほかにウキゴリ、イサザ、ヌマチチブがいます。ヌマチチブはもともと滋賀県に分布していない国内移入種ですが、初級編では、これらをまとめてゴリ（ハゼ類）として記録するようにしました。

ドジョウ

田んぼの周りの水路のような泥底には、必ずと言ってよいほどドジョウが分布しています。水がないような所でも、泥をすくってみるとドジョウがタモ網の中に入ることがあります。ドジョウは鰓《えら》だけではなく腸呼吸で空気中から酸素を取り込めるので、泥のなかでも過ごせるのです。五対《つい》のヒゲと、ヌルヌルとした細長い格好は愛嬌があります。最近では、大陸原産のカラドジョウを見かけます。普通のドジョウに比べてヒゲが長く、尾鰭の付け根に黒い斑点がありますが、見慣れた人でないと区別しにくいでしょう。食用や釣りエサ用に購入したドジョウはカラドジョウであることが多いので、余ったからといって絶対に逃がさないでください。

カワムツ

水路のなかで活発に泳ぎ回っている魚がカワムツかヌマムツです。カワムツは丘陵地の流れのある所、ヌマムツは扇状地からデルタの流れの緩やかな所に分布して棲み分けていますが、両者が混在していることもあります。カワムツの臀鰭《しりびれ》条数は一〇、ヌマムツでは九ですが、変異もあって小さな魚の条数を数えるのは大変です。また、横から見ると、カワムツは鱗《うろこ》が大きく鼻先が丸みを帯びており、ヌマムツは鱗が小さく鼻先がとがっています。そして、胸鰭や腹鰭の周辺が、カワムツは黄色、ヌマムツは赤です。また、上から見て、背鰭の前の部分にある斑点がカワムツは細長く、ヌマムツはほぼ円状となっています。

カワムツは、落下昆虫にすぐ飛びつきます。ヌマムツも反応しますが、やはりすぐに飛びつくのはカワムツです。初級編では区別が難しいので、両者を一緒にしてカワムツとしました。

オイカワ

ハイジャコ、ハヤなどと、いろいろな呼び名があります。雌は銀色で「シラバエ」と呼ばれます。雄は、産卵期には赤や緑の婚姻色と、白くてブツブツした追星《おいぼし》が少し黒みがかった顔面に出ます。

流れのある川でよく見られるオイカワは泳ぎが得意ですが、泳ぎ回れないと酸欠を起こします。そのため、きれいな魚なのですが飼うのが難しい魚です。また、小骨が多いので食べづらい魚ですが、甘露煮などで美味しく食べることができます。滋賀県では、オイカワを鮒寿司と同じように漬け、夏、お盆のころに「生ナレズシ」として食卓に出しています。

ドンコ

西日本ではよく見かけるなじみの魚です。ハゼの仲間ですが、ゴリのように胸鰭《むなびれ》が吸盤のようになっていません。愛嬌のある魚なのですが、旺盛な食欲でほかの魚を食べてしまいます。ゴリと同じように雌が産んだ卵を雄が守りますが、この習性を利用してよくムギツク(1)が托卵します。

メダカ

童謡にもよく歌われ、親しまれてきた魚の代表です。最近では「環境省絶滅危惧Ⅱ類」に指定され、滋賀県でも絶滅危惧増大種にされるなどめっきり数が減ってしまいました。農薬の使用とか水路のコンクリート化、水路と田んぼの間に高低差ができたため、繁殖を目的とした移動ができなくなったからだと考えられています。しかし、上級編の調査では、ヨシノボリ、ドジョウ、カワムツ、オイカワ、ドンコに次いで多くの地点で生息が確認されています。メダカは小さくてひ弱に見えますが、結構強い生き物で、捕食者の生き物が生きてゆけないような過酷な場所にもいます。風呂のような水温になった溜まり水、メタンが沸くよう水のなかにも生息しています。

メダカとよくまちがえるのが外来魚のカダヤシです。メダカの臀鰭《しりびれ》は平行四辺形や二等辺三角形に近いのに対し、カダヤシは正三角形や直角二等辺三角形に近く、その付け根が短いことが特徴となっています。カダヤシは蚊の防除のために北米から移入されたのですが、生息場所もエサもメダカと同じで、繁殖力と生活力がすぐれているためメダカを駆逐しています。初級編ではカダヤシと区別することが難しいので、一緒にメダカとして扱っています。

カマツカ

ふつう、魚と言えば水中を泳いでいるものですが、カマツカはほとんど泳ぐことなく水底にいます。ナマズの仲間やハゼの仲間では珍しくありませんが、コイの仲間では珍しいことです。カマツカは琵琶湖内にもいますが、ある程度流れのある場所を好み、琵琶湖周辺では川や水路でよく見かけられます。三面コンクリート張りの町中の水路でも、底に砂が溜まってさえすれば普通に見ることができます。

体色は、砂や砂利とそっくりな一見地味な色をしています。ところが、夏のある日、水の澄んだ川底でキラキラと輝く日差しを受けていたカマツカは、胸鰭や腹鰭や自慢の太いヒゲが白く輝

（1）コイ科の小型の魚で、集団でドンコやオヤニラミの巣に卵を産み付けて托卵します。

いており、驚くほどきれいな魚だったことに感動しました。また、琵琶湖やその周辺にはカマツカによく似たツチフキやズナガニゴイといった魚も生息していますが、生息数も生息場所もずっと少ないのでまずまちがうことはありません。

ギンブナ

唱歌『ふるさと』に歌われたコブナとはギンブナのことです。琵琶湖には、固有種であるゲンゴロウブナ、ニゴロブナ、そして「ヒワラ」と呼ばれているギンブナがいます。産卵期を除いて水路で見られるフナと言えば、そのほとんどがギンブナです。このギンブナはおかしな魚で、雄がおらず雌だけで繁殖します。

一般に生物は対《つい》になった染色体をもつ二倍体で、子孫を残すために減数分裂をした一倍体の配偶子（卵と精子）が必要となります。しかし、ギンブナの多くは三倍体の雌で、卵も三倍なのです。この卵が発生を開始するためには受精が必要なのですが、精子の核は受精後吸収されてしまいます。受精のための精子は、実験的にはドジョウでもコイでもかまいません。自然界では、ほかのフナの雄を誘うか、ほかのフナが産卵しているときに産卵するのだと考えられています。

タモロコ

モロコの名前の由来は「諸々の子」で、まとめて扱った魚の名前です。滋賀県には、タモロコのほかにホンモロコ、スゴモロコ、デメモロコ、イトモロコ、コウライモロコなどがいます。初級編ではこれらをまとめてモロコとして扱いましたが、滋賀県でモロコと言うと、やはりホンモロコを指します。魚つかみでよくつかまるのが田んぼのモロコであるタモロコです。

ホンモロコは琵琶湖の固有種で、非常においしい魚です。琵琶湖の周辺や京都では昔から素焼きにされて食卓に上りましたが、現在では料亭でしか味わえなくなりました。ちなみに、タモロコはホンモロコの祖先種で、西日本に広く分布しています。

よくつかまる生き物

これまで紹介してきた魚たちは、ブルーギルやオオクチバスよりも多くの地点で見つかった魚たちです。最後に、魚以外の生き物でどのようなものが多くとれたかを簡単に紹介しておきます。

ヨシノボリよりも多くの地点で見つかったのがアメリカザリガニです。外来種なので残念ですが、魚よりも多く、どんな水路にも生息していることが分かりました。水生昆虫の筆頭と言えばヤゴで、貝類ではカワニナが多くの地点で見つかっています。

琵琶湖の周りの水路には、まだまだ多くの在来魚ががんばって泳いでいます。その理由を以下で考えてみます。

ブルーギルは浅い所が苦手

数学を使った科学的なものの見方に「確率」という考え方があります。たくさん魚が生息している場合は人間に発見される確率が高くなり、数が少なくなると発見される確率が小さくなってきます。科学的に「魚が多く生息している」ということは、実は何匹生息しているということを把握しているわけではなく、発見できる確率が高いということです。逆に、発見できる確率が低い場合は「魚の生息量が少ない」ということになります。この方法を応用すれば、どのような環境の所にたくさん生息しているかが分かります。言い換えれば、魚の好きな所と嫌いな所が数学で分かるということです。

ただ、この計算をするためには、魚がとれた場所の記録だけでは「発見できる確率」が求められないという問題があります。「発見できないという数」と「発見できた数」があって、初めて科学的に生息量の大小が分かるのです。ちょっと、計算をしながら考えていきましょう。

たとえば、水深が一〇センチメートルの二〇地点についてメダカとブルーギルがいるかを調べたところ、一〇地点でメダカが発見され、一〇地点で発見できませんでした。一方、ブルーギルは一か所で発見でき、一九地点で発見されませんでした。また、水深が九〇センチメートル以上の所で同様の調査をしたところ、二か所でメダカが発見され、一八地点で発見されませんでした。一方、ブルーギルは一五地点で発見され、五地点で発見されませんでした。この調査結果から、

「メダカとブルーギルはどのような水深を好むのか」という問いの答えを考えてみましょう。

発見できる確率は、発見した地点数を全調査地点数（発見した地点数と発見できなかった地点数の和）で割った値になります。水深一〇センチメートルでのメダカの発見確率は、二〇分の一〇で五〇パーセントになります。一方、ブルーギルの発見確率は五パーセントとなり、メダカのほうの発見確率が高くなっています。では、水深九〇センチメートル以上の地点ではどうでしょうか。ここでは、メダカの発見確率は一〇パーセントで、ブルーギルの発見確率は七五パーセントとなっています。このことから、メダカは水深の浅い所を好み、ブルーギルは深い所が好きだと推測することができます。

このような例は数が少なく、誰が見てもすぐに分かります。しかし、「うおの会第一次調査」、「琵琶湖お魚ネットワーク」や「だれでも・どこでも琵琶湖お魚調査隊」のデータ数は、調査地点数がおよそ一万七〇〇〇地点あり、各地点での調査項目が五〇以上にも上ります。したがって、データ数は一〇〇万近くになり、先ほどの例のように、項目同士の関係がすぐには分かりません。コンピュータを使い、統計的な手段によってこれらのデータを分析することになります。

ところで、特定外来魚に指定されているブルーギルについては、どのような環境を好むかについてはまだまだ未知の部分が多いです。そこで、「うおの会第一次調査」の調査データを用いて、ブルーギルが好む生息場所について統計学的な分析をしてみました。先ほどの例と同様、ブルーギルが確認できた地点と確認できなかった地点についてのデータを用いて、ロジスティック回帰分析(2)によってブルーギルの環境条件を評価しました。

　調査項目に対して、ブルーギルの生息にかかわる項目が一四項目見つかりました。そのなかで生息する可能性が非常に高い所の順番は、「湖岸・内湖」、「四月」、「水深九〇センチメートル以上」、「五月」、「六月」、「七月」、「底質が泥」、「止水」となりました。逆に、生息する可能性が非常に低い所の順番は、「水深三〇センチメートル未満」、幅一メートル以下の「溝」、幅一メートルから二メートルまでの「水路」、水深三〇から九〇センチメートル「底質が砂」幅二メートル以上の「川」となりました。

　ブルーギルは、繁殖のために砂底や礫底を利用していることが知られていますが、繁殖期前のブルーギルがどこに生息するかはあまり知られていませんでした。琵琶湖流域の泥底には、ブルーギルがエサとして好むオオユスリカやアカムシユスリカなどのユスリカ類の幼虫が多数生息しています。四月から六月にかけて泥底の止水環境にブルーギルが多く生息しているという結果は、繁殖期前の盛んな食欲を満たすためだと考えられます。また、七月には砂底で多く見つかるようになり、季節的に異なる底質を選んで移動していることが分かりました。

　さらに、冬季にブルーギルが見つからない理由としては、湖内に移動するためだと考えられます。春から夏にかけて未成魚の拡散にともなう場所利用の変化、繁殖場所への移動、夏から秋、さらに冬にかけての深みへの移動と、生活時期に応じて生息環境を使い分けていることが定量的に明らかにされました。

以上から分かるように、琵琶湖流域の水路や小さな川では、四月から七月にかけてブルーギルが摂餌《せつじ》や産卵のために多く見つかるようになります。この時期は、在来魚のコイ科の魚の多くが産卵のために沿岸や浅い水域、それにつづく水路にやって来る時期と重なります。卵をよく食べるブルーギルと産卵のためにやって来るコイ科の魚が同じ場所にいるのですから、どうなるかは自明のことです。

ブルーギルの生息確率の高い環境は、水深九〇センチメートル以上が高く、水深が三〇センチメートルから九〇センチメートルがその三分の二、水深三〇センチメートル以下では五分の一となります。また川幅も、川、水路、溝と小さな規模の流れになるに従って生息の可能性が低くなります。ブルーギルが生息する可能性が低い環境は、琵琶湖流域の伝統的な景観であるカバタ(3)のある水路や農業水路ネットワークといった所となります。このような水環境は、在来魚の生息地として重要な役割を果たしている可能性があります。実際、旧市街地やその周辺の農業水路に多くの在来魚が生息していることがうおの会の調査で分かっています（**図4-1**を参照）。

この研究結果により、琵琶湖の湖岸開発によって湖岸の水深が深くなったことは、ブルーギルにとっては居心地がよくなったという可能性を示しています。逆に、昭和三〇年代以前の琵琶湖

（2）「あり」、「なし」などの結果と原因の関係を確率的に分析する手法。
（3）湧水を引いた水路を家庭生活で利用する場所。

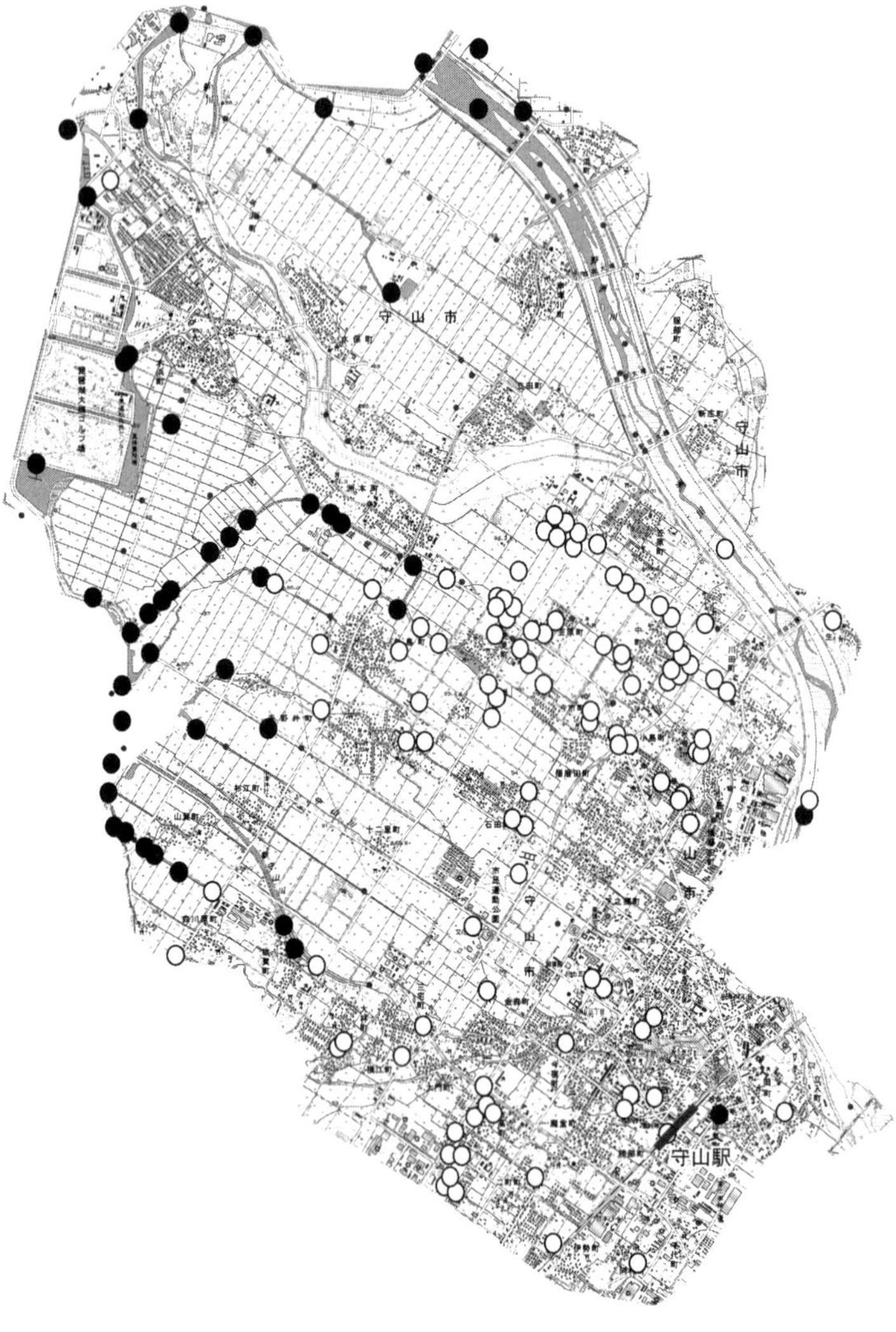

図４－１　守山市における在来種（ヌマムツとタモロコ：白丸）と外来種（ブルーギル；黒丸）の分布。市街地の水路に在来種が多い。Nakajima（2011）を改変。

の湖岸は浅い所の面積が多かったことから、ブルーギルにとっては居心地が悪かった可能性があることも分かりました。これらの研究結果を保全に応用すると、今後、琵琶湖の湖岸を昔のように浅い水域に戻していけば外来生物にとっては生息が難しくなるため、急激な増加を抑制できる可能性があるということになります。

この分析結果について詳しく知りたい方は、水野敏明ほか著の『琵琶湖流域におけるブルーギル（*Lepomis macrochirus*）の生息リスク評価』を読んでみてください。

ブルーギルは流れがきらい

うおの会の調査はタモ網で魚つかみをするわけですから、言うまでもなく、大きな川、池、湖のなかと言った所での調査はできません。田んぼや市街地の水路、小さな川がその調査の対

産卵しようとするニゴイの卵を食べようと追いかけるブルーギル（撮影：石井千津）

象となります。うおの会の調査で明らかになった一番の成果は、本章の冒頭でも述べましたが、水路や小さな川には在来魚がまだまだたくさん生息しているということです。実際に調査をしているときも、旧市街地や田んぼの水路ではブルーギルやオオクチバスがまったく見つからず、在来魚ばかりが生息しているという調査地点も多数ありました。

　魚同士の相性を調べるために、「うおの会第一次調査」で多数見つかった魚種二三種についてクラスター分析[4]を行ってみました。すると、ヌマムツとタモロコ、カワムツとドンコ、ドジョウとナマズといったように、同じ地点でよく一緒に見つかる魚の組み合わせが見えてきました。その分析の結果、二三種の魚は大きく四つのグループ（クラスター）に分かれました。それにGISで示した魚種ごとの魚の分布図と地形を重ね合わせると、面白いことが見えてきました。デルタに分布するグループ、デルタから扇状地に分布するグループ、丘陵地や河川周辺の平野に分布するグループに分けられたのです。

　琵琶湖の湖東平野では、標高八六メートルと八七メートルの間に傾斜変換点があり、ここより低い湖側がデルタになります。一方、山側は扇状地（扇状地性低地と本来の扇状地）となります。さらに、等高線が密となるあたりからが丘陵地・山地です。また、野洲川などの周辺では丘陵地のなかに盆地のような平坦地がありますが、これを河川周辺の平野と区別しました。では、どんな魚のグループがどこに分布しているのでしょうか。

　デルタに分布するグループの代表がブルーギルです。デルタの水路は、琵琶湖の沿岸帯と同じ止水環境となっています。琵琶湖との間に堰《せき》もなく、ブルーギルやオオクチバが自由に琵琶湖から入ってきます。デルタと扇状地性低地との間あたりに堰が設けられることがあり、これより上流は流水環境になっているため、扇状地性の低地や扇状地の水路にはブルーギルが入りにくくなっているのです。

しかし、農業用水を琵琶湖からポンプアップしているために、ブルーギルやオオクチバスの卵や仔稚魚がよく吸い込まれて、扇状地のため池やその周辺の水路でそれらの魚が見られることがあります。実際、琵琶湖から水がポンプアップされている野洲市の丘陵地にあるため池では、ブルーギルとオオクチバス、ホンモロコ、トウヨシノボリだけが採集されています。

丘陵地や河川周辺の平野に分布するグループには、カワムツ、ドンコ、カワヨシノボリが含まれます。デルタから扇状地、河川周辺の平野に分布するグループに、ほとんどの魚が含まれるのは当然のことなのです。

このグループは二つに分けられます。一つ目が、オイカワ、カマツカのグループです。ここには、スゴモロコ、アユ、ウキゴリのほか、外来魚のヌマチチブ（国内移入種）やオオクチバスも含まれます。二つ目はヌマムツ、タモロコのグループで、ヤリタナゴ、アブラボテ、メダカ、モツゴ、ギンブナ、コイ、ドジョウ、ナマズ、トウヨシノボリなどといったたくさんの魚種が含ま

（4）統計データの特徴が類似しているものを分類する分析手法のことです。

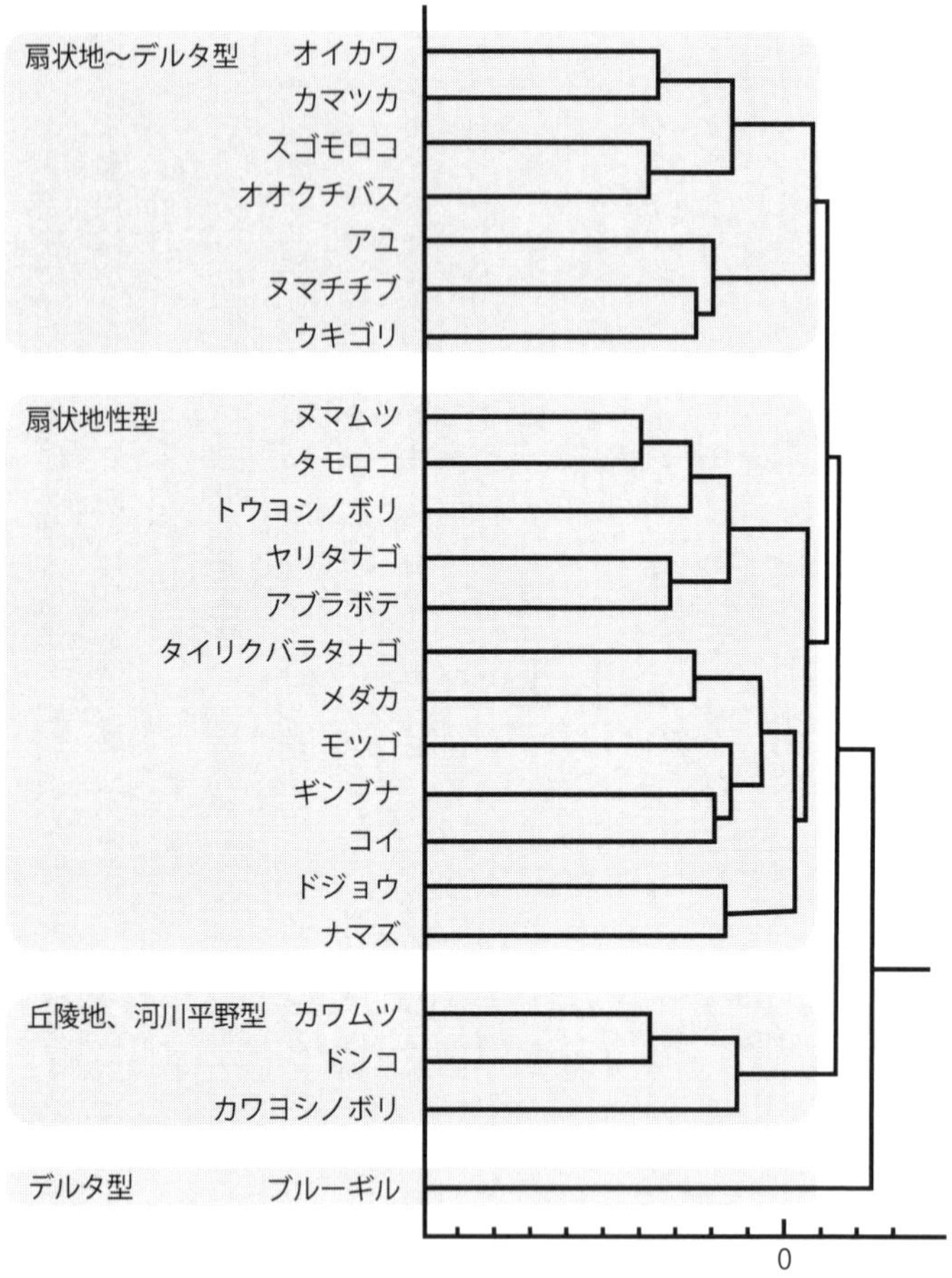

図4－2　クライスター分析の結果、四つのグループに分けられる。中島経夫ほか（2001）を改変（データのみ）。

れます。また、外来魚のタイリクバラタナゴもこのグループに含まれます。

この二つ目のグループに含まれるヌマムツ、タモロコ、ヤリタナゴ、アブラボテは、デルタではほとんど見つかりません。滋賀県水産試験場が一九五〇年に行った調査では、これらの魚は琵琶湖の沿岸、内湖、湖岸付近の水路一帯に広く分布していたことが報告されています（参考文献一覧を参照）。これらの魚たちは、一九五〇年以降、デルタに生息できなくなってしまったのですが、その理由はブルーギルやオオクチバスが琵琶湖の沿岸や内湖で増加しているからです。

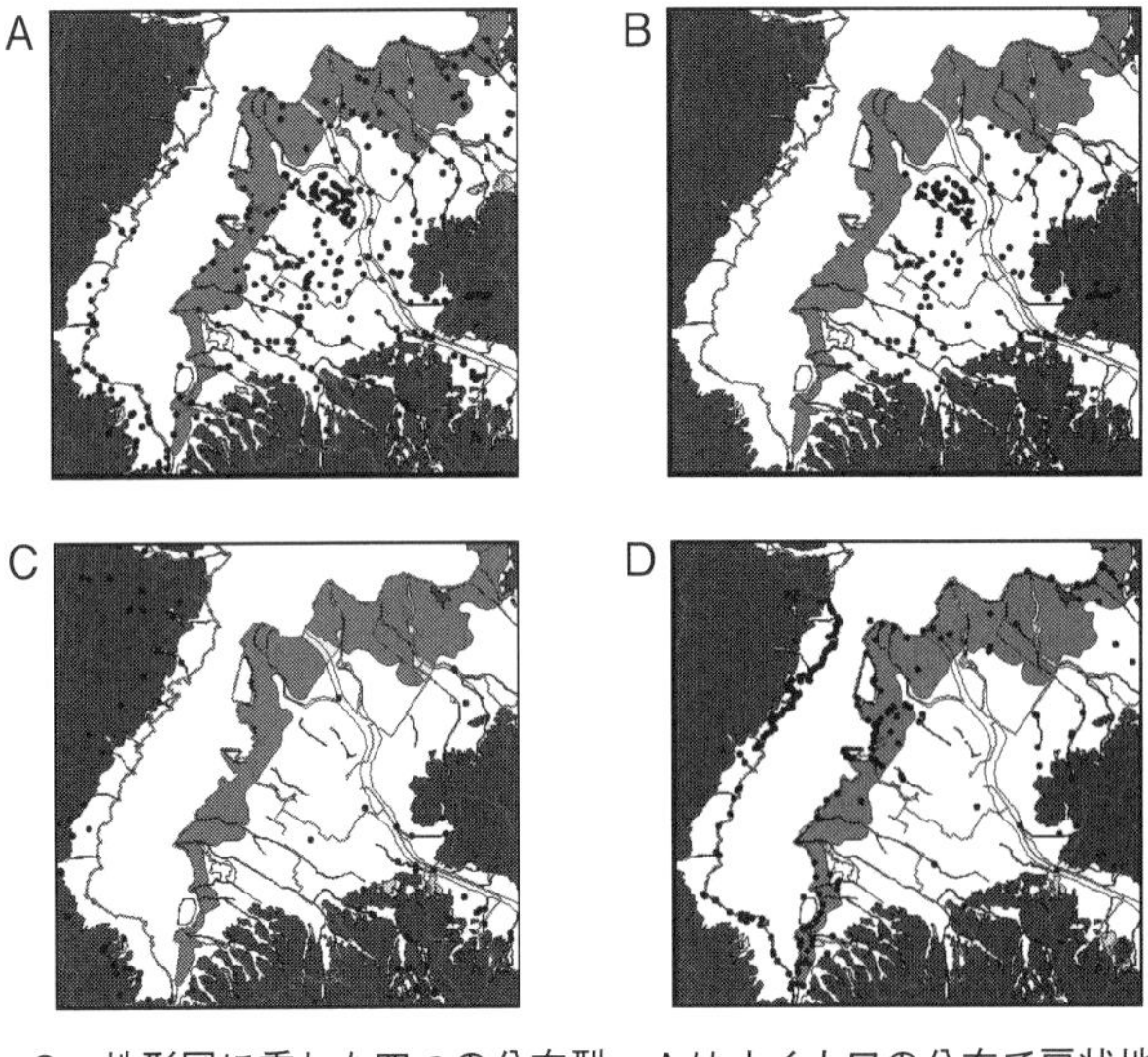

図４－３　地形図に重ねた四つの分布型。Ａはオイカワの分布で扇状地～デルタ型、Ｂはヌマムツの分布で扇状地型、Ｃはカワムツの分布で丘陵地・河川平野型、Ｄはブルーギルの分布でデルタ型。薄い影がデルタ、濃い影は丘陵・山地を示す。中島経夫ほか（2001）を改変。

在来魚はコンクリートで護岸された水路でまだまだ頑張っていますが、魚が豊かであったデルタでは、一部の魚を除いて外来魚の影響をかなり受けていることがうおの会の調査で分かりました。このことを詳しく知りたい方は、「琵琶湖湖南地域における魚類の分布状況と地形との関係」（中島経夫ほか、二〇〇一年、二六一〜二七〇ページ）をお読みください。

コラム　東海道線（琵琶湖線）と魚の分布（中島経夫）

ローカルな話になりますが、草津市から守山市にかけての地域の魚の分布を調べてみると面白いことが分かりました。実は、魚がたくさん分布しているのが、ＪＲ東海道線と浜街道の間ということが分かったのです。鉄道の線路と道路という人間が造った構造物と魚の分布、両者の間に関係があるようには思われないのですが、そこに深い関係があったのです。

ＪＲ東海道線が計画されたとき、おそらく街を継ぎながら起伏が少ない地形の所にレールを敷いたと思われます。現に、地形的には扇状地の末端の部分に鉄道が敷かれています。ちょうど東海道線のあたりから野洲川の伏流水が湧き出しており、それより湖側の下流は水が豊かなのです。

今でこそ湖周道路があって、大津から湖北に向かって湖に沿って車を走らせることができますが、南北に走る広域農免道路（メロン街道）ができるまでは、「浜街道」と呼ばれて親しまれてきた道路がもっとも湖よりを南北に走っていました。その浜街道よりも湖側はクリーク地帯で、水路が縦横に走るデルタでした。ですから、このあたりに南北に道路を走らせることになったのだと思います。

地形的に、浜街道を境としてデルタと扇状地性低地に分かれ、このあたりが傾斜変換点になっています。もともと伏流水が湧き出すあたりから湖の沿岸までは水が豊富で、魚が多く生息している地域でした。

現在では、東海道線から浜街道の間が在来魚の多い地域になっています。琵琶湖とデルタの水路の間には堰《せき》がなく、魚は自由に行き来できます。デルタの水路は琵琶湖の沿岸と同じ止水環境で、水深も深く一メートル以

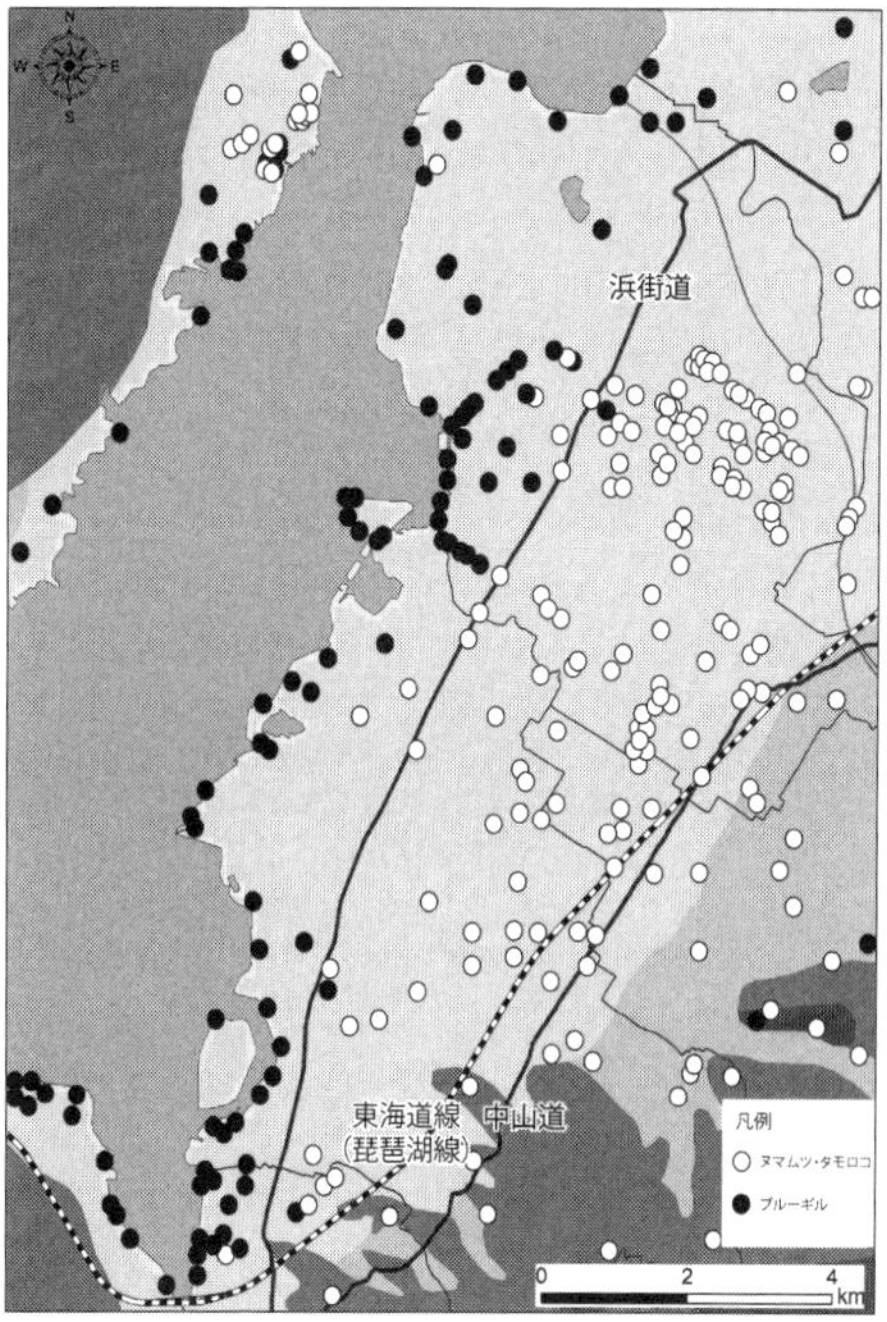

図4－4・草津から守山にかけての魚の分布と中山道、浜街道、東海道線の位置。白丸は、タモロコ・ヌマムツの採集地点、黒丸はブルーギルの採集地点。Nakajima（2011）を改変。

上の所があります。つまり、デルタの水路はブルーギルなどの外来魚が好む環境ということなのです。先ほど記したように、浜街道が造られたあたりがちょうど傾斜変換点ですから、浜街道より上は流水環境で、下が止水環境になるわけです。したがって、琵琶湖から進入してくる外来魚はこのあたりから上では少なくなるのです。

また、東海道線から浜街道の間にある旧市街地やその周辺の水路は、一年中水が涸れることがなく流れています。水深も三〇センチメートルぐらいで、あまり深くありません。このような水環境は、コイ科の在来魚にはよいのですが、外来魚のブルーギルなどは苦手とする所です。このような理由から、東海道線と浜街道の間に琵琶湖の在来魚が多いのです。

人が造った構造物と魚の分布との間には、まったく何の関係もないように思えます。魚は、扇状地の末端あたりの、水が湧き出す所から湖側に多く分布しています。人は、起伏が少なく、人口が多いあたりに鉄道を敷きました。ほぼ、中山道と同じ位置になります。そして、浜街道はデルタの上限あたりに造られました。これらの構造物は、地形の制約のなかで造られたものです。

こうして見ると、魚の分布、鉄道や道路も、地形という自然の制約を受けていることがよく分かります。その制約を克服してデルタ域にメロン街道を造ったり、湖岸堤としての湖周道路を造ったりしたころから、琵琶湖の生態系が不健全なものになっていったような気がします。

外来魚問題

外来魚は、琵琶湖の生態系にとって大きな脅威となっています。魚つかみをするときに避けて通れないのがこの外来魚問題です。ですから、これまでうおの会の調査データは、外来魚問題の解決に向けた分析に使われてきました。ここで、琵琶湖を中心に、外来魚問題の経緯と現状について紹介しておきます。

日本の外来魚問題の代表とも言えるのがオオクチバスです。日本に持ち込まれたのは一九二五年のことで、ある実業家が食用と釣り用にアメリカから輸入し、神奈川県の芦ノ湖に移植したことにはじまります。当時から在来魚への影響を心配する声がありましたが、一般の関心は決して高くなく、やがて戦後の米軍による移植やレジャーの発達とともに徐々に分布を広げていきました。そして、一九八〇年代や一九九〇年代には何度かの「バス釣りブーム」が起き、オオクチバスの分布はほぼ日本全国に広がりました。分布拡大の背景には、バス釣り愛好家による私的な移植放流、いわゆる「密放流」があったと言われています。

一方、ブルーギルは、一九六〇年にアメリカの水族館から皇太子殿下（現・今上天皇）がプレゼントされた一七尾に由来します。当時は大切な魚としてもてはやされて養殖も試みられましたが、成長が悪く成功しませんでした。やがて、それらの魚が逃げ出したり、オオクチバス同様、釣り人によって密放流されて分布が広がっていきました。最近、日本と韓国のブルーギルの遺伝子を調べたところ、すべてが一九六〇年の一七尾に由来することが明らかになったという研究結果が発表され、なんと生命力の強い魚かと驚きを禁じ得ません。また、「第二のブラックバス」と呼ばれたコクチバスも一九九一年に長野県野尻湖で発見され、それ以降、密放流以外では説明のつかない不自然な分布拡大をつづけています。

琵琶湖では、一九六五年にまずブルーギルが確認され、一九八〇年代までに湖内全域で確認されるようになりましたが、当時はむしろ「珍しい魚」と言われて問題にならなかったそうです。ブルーギルから遅れること九年、一九七四年にオオクチバスが彦根沖で初めて見つかり、それ以降爆発的に増加しました。一九八〇年代には、「どんなルアー（疑似餌）を投げても釣れる」、「一つのルアーに何尾も追いかけてくる」と言われた時代があったそうです。それと時を同じくして、フナ類やモロコ類、タナゴ類などの在来魚が急激に減少しました。同時期に起きた魚食性外来魚の激増と小型の在来魚の減少、この二つの現象に因果関係を求めるのは自然なことです。

バス釣りの「全盛期」の到来は、琵琶湖の在来魚の「暗黒期」の幕開けとなりました。在来魚の減少は外来魚ではなく、湖岸の開発や水質のせいだとする意見もありますが、影響の程度の問題で、片方の影響のみではないことは明白です。ちなみに、原産地であるアメリカでもオオクチバスやブルーギルが外来魚として問題視される場合があります。もともと北米大陸西部にはオオクチバスは分布していませんでしたが、釣り用にと移植された結果、そこにもともと棲んでいた在来魚が減少して問題になっているのです。アメリカでも、オオクチバスをはじめとする魚類の安易な移植は生態系に重大な影響を及ぼす、と認識されています。

一九九〇年代半ば以降、琵琶湖のオオクチバスの増加傾向は鈍りはじめ、それに代わって今度はブルーギルが激増期を迎えました。小型の在来魚が減少し、その生態的地位を埋めるかのような急増でした。この状態は現在までつづいており、ブルーギルはいまや「琵琶湖でもっとも簡単に釣れる魚」となってしまいました。そして、一九九〇年代後半になって外来魚問題を糾弾する声が研究者や市民から本格的に上がりはじめたのですが、バス釣り愛好家との意見対立が激しくなり、「害魚論争」と呼ばれてメディアにも盛んに取り上げられるようになったのです。

このような情勢のなか、二〇〇三年には滋賀県でオオクチバスとブルーギルの再放流（リリース）を禁止する「琵琶湖レジャー条例」が成立しました。さらに、二〇〇五年には環境省による「外来生物法」が成立し、日本国内でオオクチバス、コクチバス、ブルーギルなどの「特定外来生物」を生きたまま運搬、飼育、譲渡することが禁止されました。これらの法律により、滋賀県で外来魚を採集した場合は、「回収ボックスや回収イケス」に入れるか、絶命させて持ち帰るかということになります。

このように、二〇〇〇年代に入って日本各地で外来魚駆除が本格化し、市民団体が主催する外来魚釣り大会やため池での池干しなどが行われるようになりました。電気ショッカーボート(5)、人工産卵床(6)などといったユニークな駆除方法も開発されました。二〇〇一年にオオクチバスが発見された北海道では、すぐさま電気ショッカーボートを導入して対策をとり、二〇〇七年にはついに「根絶」を宣言しました。これにより、侵入初期の徹底的な対策が重要であり、有効であることが証明されたのです。

琵琶湖では、二〇〇二年以降、漁業者によって毎年四〇〇から五〇〇トンもの外来魚が駆除されています。その成果として、外来魚の生息量は一九九九年の三〇〇〇トンから二〇〇九年には一五〇〇トン（オオクチバス三五〇トン、ブルーギル一一五〇トン）まで減少したと推定されています。ここ数年はニゴロブナやホンモロコの漁獲量にわずかながら増加傾向が見られ、外来魚駆除の効果とも言われています。しかし、フナ類の漁獲量は年間一〇〇トン前後で、外来魚の駆除量よりはるかに少なく、影響がないレベルまでに外来魚を減少させるのはまだまだといった状況です。また、対策の手を緩めると再び増加するであろうことも容易に想像できるので、今後も継続的に駆除しつづけることが必要であると言えます。

外来魚問題の話題になると、よく「原産地のアメリカには天敵はいないの？」と尋ねられます。たしかに、原産地での天敵は外来魚の抑制の参考になるかもしれません。以下では、オオクチバ

「琵琶湖を戻す会」による外来魚駆除釣り大会（撮影：高田昌彦）

ため池の池干し（撮影：高田昌彦）

スやブルーギルの原産地での様子と、琵琶湖での天敵について考えてみます。

よくニュースで「〇〇公園の池でワニのような魚が見つかった」と報道されていますが、この「ワニのような魚」の正体は、アリゲーターガーやロングノーズガーなどのガーパイク類と呼ばれる魚です。日本で見つかるものは、すべて観賞魚用に輸入・販売され、飼い主が持て余して捨てたものです。モラルのない飼い主に憤りを覚えますが、この魚たちの原産地が北アメリカなのです。

同じように、茨城県の霞ヶ浦で爆発的に増え、問題となっているチャネルキャットフィッシュも北アメリカが原産地です。このナマズの仲間には、二メートル近くの大きさになる種類もあります。これらの生物はほかの生物を捕食するなど影響が大きいため、外来生物法によって日本への輸入が禁止されています。

オオクチバスをはじめとするバス類やブルーギルの仲間は、本来この「ワニのような魚」、「二

（5）水中に電流を流す装置を備えた船で、感電して魚が動けなくなっている間に網ですくいとります。魚は死なずに感電しているだけなので、在来魚の混獲を避け、外来魚のみを駆除するのに有効となります。

（6）三方に覆いを付けたプラスチック製の四角いかごに砂利を敷き詰めたもの。オオクチバスが物陰近くの砂利に産卵床（産卵用の巣）をつくる習性を利用して、水中に沈めておき、産卵確認後に引き揚げることで卵を駆除し、産卵を無効化します。刺し網を仕掛ければ親魚も駆除できますが、放置してしまうと産卵を促進して逆効果となるので運用に注意が必要です。

メートルにもなるナマズ」がいるような環境で暮らしていたのです。当然、オオクチバス、ブルーギルは大型の魚のエサとなることもあるでしょう。また、「ブラックバス」と総称されるバスの仲間（Micropterus 属）は七種、ブルーギルの仲間（Lepomis 属）は一一種おり、同種間でも卵や稚魚をめぐって「食う・食われる」の関係にあります。卵を守って子を育てる習性があるのも、このような過酷な環境のせいだと考えられます。

琵琶湖のブルーギルでは、子育てに成功する確率は六五パーセントほどでした。(7) ところが、アメリカでの研究例を文献で調べると、四五パーセント前後と琵琶湖よりもかなり低いのです。(8) ブルーギルが守る巣のなかの卵（約一～二万個）が、現地に生息するナマズの仲間に「ひと口で食べられてしまった」という記述があるぐらいです。オオクチバス、ブルーギルは、厳しい生存競争にさらされながら北米大陸のなかで生き抜いてきたのです。

では、琵琶湖には天敵はいないのでしょうか。成魚サイズに成長したオオクチバス、ブルーギルを食べるのは、鳥類ではカワウとサギ類で、魚類ではビワコオオナマズぐらいです。あれほど増えているカワウに対して外来魚が反比例して減っているようには見えませんし、ビワコオオナマズはもともと個体数が多くありません。これらの生物が爆発的に増えないかぎり、外来魚の抑制はあまり期待できないようです。また、カワウがこれ以上増えるとアユなどの漁獲対象魚を補食してしまい、水産業への影響という別の問題が発生してしまうことも忘れてはいけません。

ところで、ブルーギルが見つかりはじめた一九七〇～一九八〇年代の琵琶湖を知る人に話を聞くと、そのころのブルーギルはとくに増加することもなく、ただ「いるだけ」の存在だったようです。当時のブルーギルの生息状況を調査した文献(9)には「琵琶湖の生態系にうまく入り込んだ」と書かれており、とても深刻さは感じられませんでした。状況が一変したのは一九八〇年代の後半以降で、オオクチバスの激増、水質悪化や湖岸の埋め立てなどによって在来魚の生息基盤が一気に危うくなり、その後一九九〇年代半ば以降にブルーギルが激増しはじめました。このことから考えて、琵琶湖の生態系が健全であったころは、ブルーギルが侵入してもそれほど問題化しなかったのではないかと考えられます。また、京都市にある深泥池でもオオクチバスのが増加を境に在来魚が姿を消し、その後ブルーギル激増したことから、在来魚が消失して生じた生態的地位をブルーギルが占有し増加したという可能性が指摘されています(10)。つまり、一九八〇～一九九〇

(7) 中尾博行・藤田建太郎・川端健人・中井克樹・沢田裕一著「琵琶湖北湖における外来魚ブルーギル *Lepomis macrochirus* の繁殖生態」『魚類学雑誌』第五三巻、二〇〇六年、五五～六二ページ参照。

(8) Cargnelli LM and BD Neff 著「Condition-dependent nesting in bluegill sunfish *Lepomis macrochirus*」『*Journal of Animal Ecology*』第七五巻、二〇〇六年、六二七～六三三ページ参照。

(9) 寺島彰「ブルーギル――琵琶湖にも空いていた生態的地位」、川合禎次・川那部浩哉・水野信彦編『日本の淡水生物 侵略と撹乱の生態学』東海大学出版会、一九八〇年、二二一～二二九ページ参照。

(10) 桑村邦彦著「深泥池における外来魚資源抑制手法―外来魚資源抑制マニュアルの応用」深泥池水生動物研究会編『天然記念物「深泥池生物群集」保全事業にかかる生物群集管理中間報告書』深泥池水生動物研究会、一九九九年参照。

年代にかけての在来魚の減少がなければ、今のようなブルーギルの増加はなかったのかもしれません。

逆説的に考えれば、在来魚を復活させれば外来魚の抑制につながるのではないかと考えられます。実際、琵琶湖において外来魚の卵がビワヒガイ、オイカワ、ヨシノボリ、コイ、ニゴイなどによって食べられている様子が観察されています[11]。ブルーギル移入当時の琵琶湖にはタナゴ類やモロコ類も豊富に生息していたわけですから、ひょっとするとこれらの在来魚たちはまだ少なかったブルーギルの卵を寄ってたかって食べ、結果的にブルーギルの増加を抑制するように働いていたのかもしれません。

法竜川の定点調査で分かったこと

第3章で紹介した二〇〇三年五月から二〇〇四年五月まで行った法竜川定点調査の結果は、魚の研究ではアマチュアであるうおの会の会員によってまとめられました[12]。どのようなことが分かったのかを簡単に紹介しています。

法竜川定点調査で採集された魚は二四種二〇二四個体と、小さな水系としては比較的多くの魚が採集されました。採集頻度の高かった魚種は、全県調査での結果とほぼ同じでした。これは、法竜川が人工的に整備された河川・水路とはいえ、魚の生息に必要な要素がたくさん備わっているからだと考えられます。

一般の農業用水路であれば水田の非用水期には水を落とすのが通例となっていますが、法竜川の水量は年間を通してほぼ一定に保たれています。このことは、魚にとっては好都合な環境となります。水量が一定に保たれている理由は、水源の多くが工場の冷却用に使用した温排水です。工場ができる以前よりその土地には野洲川の伏流水が湧出しており、工場と周辺住民・農業者との間で契約が結ばれ、年間を通して水質管理された水が一定量供給されることになっているのです。

また、用水期には揚水ポンプからも大量の地下水が供給されています。滋賀県では、琵琶湖周辺の水田用水は琵琶湖からのポンプアップした水を利用しています。この逆水によって、琵琶湖沿岸部に生息する外来魚の卵や仔稚魚が移送されます。しかし、法竜川では地下水を用水にしているのでこの被害を防ぐことができます。これも、在来魚種にとっては誠に都合のよいことなのです。

---

(11) 中尾博行・藤田建太郎・川端健人・中井克樹・沢田裕一著「琵琶湖北湖における外来魚ブルーギル *Lepomis macrochirus* の繁殖生態」『魚類学雑誌』第五三巻、二〇〇六年、五五～六二ページ参照。

(12) 村上靖昭・武田繁・小西春次・うおの会「法竜川調査の報告」、中島経夫・大原健一編『琵琶湖博物館研究調査報告　みんなで楽しんだうおの会　身近な環境の魚たち』第二三号、琵琶湖博物館、二〇〇五年、四一～六九ページ参照。

ブルーギルやオオクチバスといった魚食性外来魚種は、大きな堰《せき》や段差を乗り越えて上流部に侵出することができません。また、都合がいいことに、法竜川では下流部と中流部を隔てる大きい堰と段差があり、中・上流部で外来魚を調査中に見かけることはありませんでした。しかし、その後に魚道が設置され、在来魚の往来が可能となったと同時に外来魚も侵入する可能性が出てきたため、その影響が心配されています。

とはいえ、豊富に供給される清水と農耕地や養魚場から排出される栄養分によって、大部分が二面コンクリート張りの水路であってもミクリやエビモ・カナダモなどの水生植物が適度に繁茂し、魚にとって都合のいい環境となっています。

もっとも採集頻度の高かった魚種はオイカワ

法竜川に新設された堰と魚道（撮影：中島経夫）

で、全体の四二パーセント強を占めていました。このほかにもタモロコ、ヌマムツ、トウヨシノボリ、フナ、カマツカなどが多く採集され、これら六種で全体の約九割を占めており、これらが法竜川を代表する魚と言えます。

すべての定点で採集されたのはトウヨシノボリです。これは、全県調査における結果とも一致しています。法竜川は砂礫底が多く、夏の産卵繁殖期に中・上流域で多く採集確認されたことから、トウヨシノボリにとって法竜川は生育に適当な環境と言えるでしょう。

流域別に見れば、フナ、カマツカは全流域で、タモロコは中・下流域で、ヌマムツは中・上流域で多く採集されました。そのほか採集例は少ないですが、上流域にヤリタナゴ、中流域にメダカ、アブラボテ、カワムツなどが見られ、下流域ではスゴモロコ、アユ、ハス、カネヒラなども産卵遡上しているのが確認できました。また下流域に、ブルーギルやオオクチバスが琵琶湖から侵入しています。

他地域では多く見かけるドジョウ、ドンコが一個体も採集されなかったのも法竜川の特徴かもしれません。その確かな要因は不明ですが、法竜川が野洲川から分断されて上流域をもたないことや、冬季、土の中で休眠する魚種にとっては冬でも水温が高いということが彼らにとっては不都合な環境なのかもしれません。

定点を決めて継続的に調査することによって、その流域の全体像が見えてきます。法竜川であれば、魚のたくさんいる川だということは調査以前にある程度分かっていました。しかし、継続

法竜川の上流（撮影：中島経夫）

法竜川の中流（撮影：中島経夫）

法竜川の下流（撮影：中島経夫）

調査によって、なぜ多いのか、水環境とどう関係するのか、産卵繁殖・成長・移動はどうなっているのかなどが次第に明らかになり、データの集約・分析も可能となってきました。

一回の調査ではその時点でのデータしか得られませんが、時期を変えて再び調査をすると以前とは大きく違ったデータを得ることがあります。たとえば、採集個体数の多かった定点「播磨4」（一二三ページ**図3-1**を参照）でのオイカワの採集数は、三月に二個体、四月に六五個体、そして五月には三個体と大きく変動しています。しかも、前年の五月には一四八個体も採集されているのです。オイカワをはじめヌマムツなど遊泳力に優れた魚種は、一点に留まることなく集団で移動していることが分かります。

一回の、一定点での調査では不明であった魚の生態も、採集数を全流域での年間を通じたデータを見れば、月の変化にともなって成長していく様子をある程度読み取ることができます。しかし、体長一五ミリ未満の仔稚魚はほとんど採集できておらず、このデータがそろっていれば成長過程の把握が正しくできたとも思えるので、今後の調査方法の課題となっています。

また、**図4-5**に見られるように、水温の低い一月から三月にかけては採集個体数が激減しています。そこで、めっきり減っている定点周辺を二〇〇四年一二月から二〇〇五年二月にかけて補足調査を行いました。すると、「播磨4」では広い道路暗渠部分を越えた下流部に大量の魚が集まっており、そこは水深が一メートルを超え、ほぼ止水状態で藻類の繁茂した水域でした。同様に、「笠原7」、「荒見1」、「川田1」でも定点と比較して水深が深く、流速の遅い水草の繁茂した水域に魚たちが集まっていました。

このように越冬水域を推定したり、問題点を把握できたりするのも定点継続調査があってのことです。補足調査や追跡調査、そしてより精度の高い調査によって正しい分析も可能となり、次へのステップを踏み出すことができます。うおの会では、会員からの要請もあり、二〇〇八年度から再び時期を定めて定点から少し範囲を広げての追跡調査をはじめています。

調査定点「川田１」(撮影：中島経夫)

調査定点「荒見１」(撮影：中島経夫)

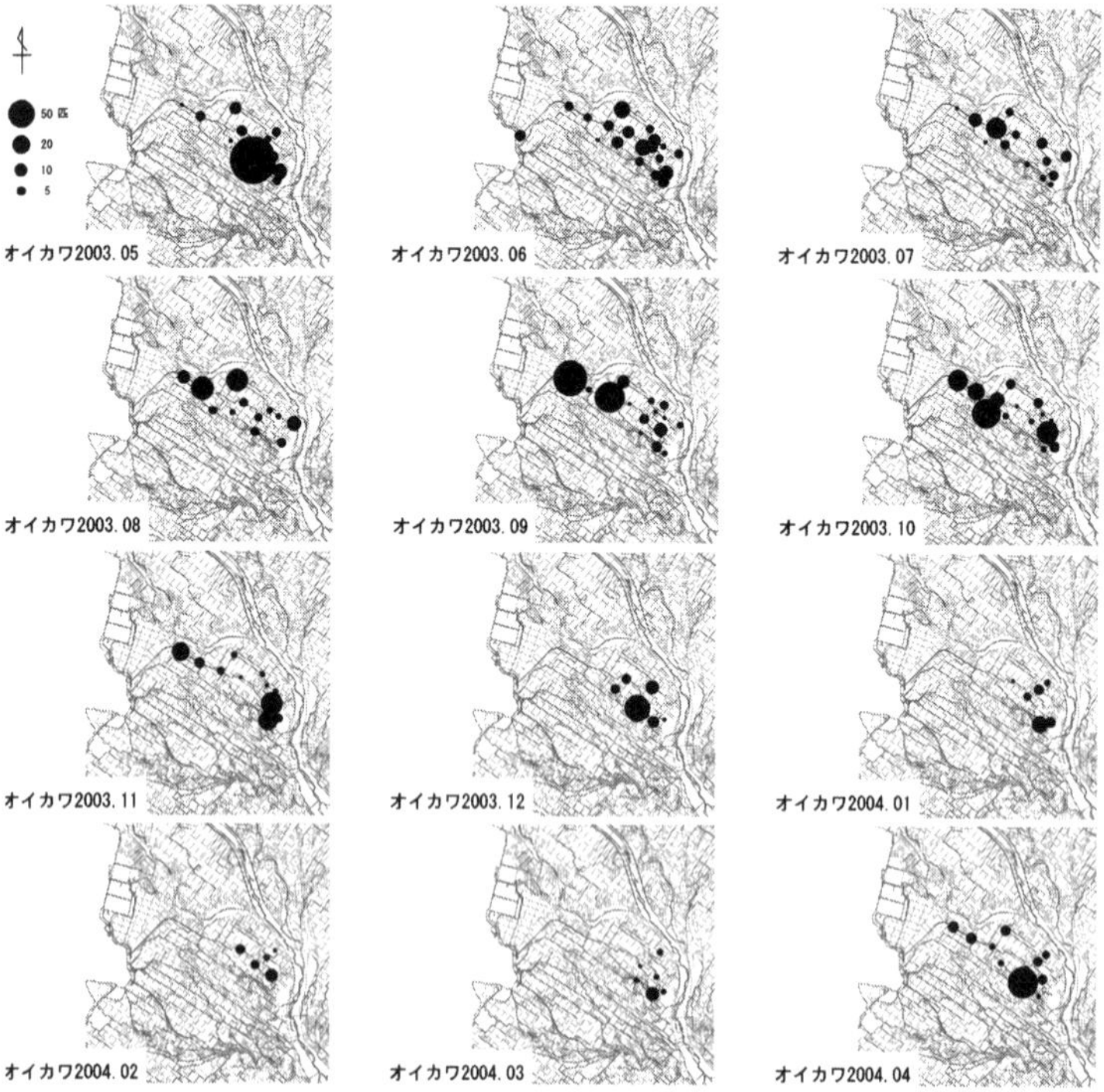

図４－５・オイカワの１年。各定点でのオイカワの採集頻度の変化。村上ほか(2005) より。

琵琶湖の魚の産卵調査

うおの会では、国土交通省近畿地方整備局琵琶湖河川事務所と連携して、二〇〇七年から魚の産卵調査を実施することになりました。よって、産卵についての調査項目を調査票のなかに加えることにしました。この項では、産卵調査の経緯とこれまでに分かったことを紹介していきます。

琵琶湖の水位は、一九六一年に完成した瀬田川洗堰によって人工的に操作されています。一九九二年には洪水防止と利水の観点から水位操作の規則がつくられ、六月一六日から八月三一日まではBSL(13)マイナス二〇センチメートル、八月三一日から一〇月一五日まではマイナス三〇センチメートル、それ以外の時期はプラス三〇センチメートルを上限とすることが定められました。初夏から秋は梅雨と台風の時期にあたり、大雨に備えてあらかじめ水位を下げておいて洪水を防止しようというわけです。大雨が降ったのにさほど琵琶湖の水位が上がらなかったり、逆に日照りつづきなのに水位がほとんど下がらないということを不思議に思ったことがみなさんにもおありでしょうが、これは瀬田川洗堰の放流量を調節して水位を管理しているからなのです。

一方、コイ、フナ、ホンモロコ、ナマズなどの琵琶湖の魚たちは、雨が降って水位が上昇した

---

(13) 明治七年に定められた琵琶湖の基準水位で、Biwako Surface Level の略。大阪湾平均干潮位から八五・六一四メートルの湖面を水位プラスマイナス〇センチメートルとしています。この高さに定められた理由は定かではありませんが、当時の水位の状況から「これ以上は下がらない」と判断された高さだろうと推測されています。

ときに浅瀬にやって来て産卵することが昔から経験的に知られていました。ときには水田にまでやって来て、沿岸に住む人々の貴重な食料となるなど、人の営みとも非常に近い存在でした。

ところが、琵琶湖の水位が人工的に管理されるようになると、雨が降っても水位が上昇しなかったり、上昇してもすぐに下げられたりということが起こるようになりました。とくに、上述した上限の水位を超えるとすみやかに水位が下げられるようになったり、また六月下旬からの梅雨の時期は、自然の状態では水位が高かったのですが、マイナス三〇センチメートルという低い水位に抑えられるようになりました。その結果、魚が産卵すべき浅瀬が陸になってしまって産卵ができなかったり、産卵できてもすぐに水位が下がって卵や仔魚が干上がって死んでしまうということが起こりはじめたのです。こ

瀬田川南郷洗堰（撮影：佐瀬章男）

のままでは、外来魚などの影響で数を減らしている魚たちに追い討ちをかけることになってしまいます。

そこで、瀬田川洗堰を管理する琵琶湖河川事務所では、魚の産卵になるべく影響を与えないようにと「生態系に配慮した瀬田川洗堰試行操作」を二〇〇三年から実施しました。水位をあらかじめ上限よりもやや低めにしておき、降雨による水位上昇とともに魚の産卵が確認されれば、五から七日間その水位を維持し、その後ゆるやかに下げるようにしています。これにより、産みつけられた卵への影響を最小限に食い止めることができるわけです。

この操作には、魚がいつ、どこで、どのぐらい産卵したかを知ることが非常に重要となります。産卵がないのに水位の高い状態を保つと、洪水のリスクを増加させることになります。そこで、琵琶湖周辺の三地点（草津市新浜町・高島市針江・湖北町延勝寺）において産卵しているかどうかのモニタリング調査が行われ、この情報をもとに水位操作が行われてきました。しかし、まだ課題が多く、広大な琵琶湖では三地点以外の産卵の状況が不明のままでした。

そこで、うおの会が琵琶湖全域を対象とした産卵データの収集とその情報提供を提案し、二〇〇七年から実施することにしました。毎月の定例調査や個人で行う調査の際に、「卵を見たか」、「産卵行動を見たか」を記録し、見た場合に大規模な産卵であれば琵琶湖河川事務所に情報を提供するというものです。上述の三地点のモニタリング調査と、その他の地点での産卵にずれがあるのかどうかも分かります。また、調査地点の環境条件も記録するので、各魚種が産卵する場所の水深や流速などといった産卵生態についての情報も得られることになります。

うおの会の会員は、魚の見分け方はかなりのレベルなのですが、卵の見分けとなるとまた別なので、事前に写真や映像による講習会や現地での確認作業をへて実地調査に入りました。ここでは、現在までに得られた結果を紹介しましょう。

まず、琵琶湖河川事務所が実施している三地点で産卵が確認された日以外に、他の地点での産卵が多数確認されました。やはり琵琶湖は広いため、広範囲に産卵を把握する必要がありそうです。二〇〇八年には、うおの会の会員が大規模な産卵を観察して琵琶湖河川事務所に連絡しました。残念ながら、琵琶湖の水位の影響を受ける範囲から少し外れており、水位維持には至りませんでした。

得られたデータからコイ、フナ類、ナマズの産卵場所を詳しく見ると、水位変動の影響を直接受ける湖岸よりも、琵琶湖の周りにある水路で産卵している例が多く見られました。水路のほうが調査しやすかったために発見例が増えたという背景もありますが、産卵期の魚が琵琶湖から水路を伝って田んぼを目指すことは昔から知られており、その営みが今も脈々とつづいていることの証《あか》しとなります。ただし、田んぼでの産卵確認例が少ないことから、田んぼに入って産卵できる場所はごく少数であるというのが実情のようです。

もしかすると、本当は田んぼへ行きたいが行けないので、仕方なしに水路で産卵しているのかもしれません。実際、水面から少し上にある排水管をめがけてジャンプを繰り返しては落ち、傷だらけになっているナマズを何度も見ました。ちなみに、側面がコンクリートの水路でも、底が砂や泥など自然の状態が保たれて水草などがあれば産卵に利用されていました。

卵がついていた対象物を調べたところ、コイ、フナ類は生えている水草やちぎれて浮いている水草・枯れ草に、ナマズは川底の藻類によく産卵していました。ヨシ帯で産卵すると漠然と言われてきたコイやフナ類ですが、細かく見るとヨシそのものだけでなく、そこに浮いている水草や枯れ葉も重要な産卵場所だということが分かりました。

産卵時期を見ると、フナは二月から、コイは三月から、ナマズは四月から産卵がはじまっています。ピーク時はどの種も四月下旬から五月半ばで、ちょうど田植えのころと重なります。しかし、過去に産卵が行われていた記録のある六月中旬から八月は、どの種も産卵がほとんど確認できませんでした。前述のように、琵琶湖の水位がマイナス三〇センチメートル以下に下がる時期です。水位が低いため、産卵が抑制されている可能性があります。

魚種別の特徴を見ると、コイは水位が高めのときに産卵する傾向が、フナ類とナマズは短期間の水位上昇時に産卵する傾向が見られました。水位上昇時とは、つまり雨が降ったあとということになります。フナ類やナマズは、雨が降ると琵琶湖から産卵のためにやって来ることが実証されたわけです。一方、コイの産卵には、水位が高い状態がある程度つづくことが必要なのではないかと考えられました。

今回の調査から、残された環境のなかで、厳しい状況に置かれながらもしたたかに繁殖している魚たちの様子が浮き彫りになりました。人が改変した地形と人為的な水位操作により、理想とはかけ離れた環境で産卵している魚たち――コイ、フナ類、ナマズ以外にもホンモロコやワタカ、ビワコオオナマズなどの多くの希少な魚――が、湖岸や内湖、田んぼなど琵琶湖の周りの浅瀬で産卵していることが分かっています。このエリアの環境を修復して、ほんのちょっとだけ琵琶湖の魚のために手助けをしてあげれば、琵琶湖の生態系の復活につながるのではないかと考えています。

守るべき魚と地域

これまでの調査とその分析によって、ブルーギルなどの外来魚がどのような環境を好み、どのような環境であれば利用できないのかを明らかにしてきました。琵琶湖の沿岸からデルタの水路やクリークに生息していた在来魚の多くは、琵琶湖流域の伝統的な景観が保たれている旧市街地の水路や、その周辺の農業水路に生息しています。急に深くなる湖岸、深く浚渫《しゅんせつ》され直線的に整備された水路は在来魚も棲むことができるのですが、それよりも、ブルーギルなどの外来魚にとっては格好のすみかとなっているのです。

また、在来魚が多い琵琶湖の健全な生態系が保たれていれば、外来魚の爆発的な増加は抑えられるのではないかということも分かってきました。そこで、私たちうおの会では、珍しい貴重な魚ばかりではなく、どこにでもいるただの魚とその生息環境を保全することが大切だと訴えてきました。ただの魚とは、多数の調査地点が確認された魚のことです。これまでの調査で、一〇〇地点以上で確認された魚を多い順に示すと次のようになります。

このなかには、琵琶湖から遡上してくるもの、琵琶湖のなかには生息しないものも含まれていますが、これらのただの魚が多く生息する地域が分布図から分かります。第三回の「琵琶湖お魚ネットワーク交流会」においてうおの会は、絶滅危惧種が生息する地域のほかに在来魚が豊かな生態系があり、将来的にそれを残していきたい地域として、野洲川中流域、守山市街地、西の湖

表4－2 100地点以上で採集された滋賀県の在来魚（琵琶湖お魚ネットワーク報告書、2006年末での集計）

ヨシノボリ	1,436地点
ドジョウ	873
カワムツ	791
オイカワ	677
ドンコ	648
メダカ	438
カマツカ	414
ギンブナ	400
ヌマムツ	345
タモロコ	311
アブラボテ	283
シマドジョウ	253
タカハヤ	242
アユ	205
アブラハヤ	181
ウキゴリ	173
ナマズ	172
アカザ	169
カネヒラ	161
カジカ	153
ヤリタナゴ	150
アマゴ	131
ムギツク	122
モツゴ	117
コイ	108
ウツセミカジカ	100

周辺地域、和迩川流域、安曇川下流域、姉川中流域、湖北湖岸域、百瀬川中流域の八つの地域を指定しました。

　琵琶湖の沿岸や周りに広がるデルタの水路やクリークはブルーギルやブラックバスに席巻されていますが、それより上流の水路には、そこを本来のすみかとする琵琶湖の在来魚がまだまだ多数生息しています。魚は何千、何万の卵を産みます。在来魚が棲みやすい環境さえ整えてやればすぐに回復します。しかし、回復する前にただの魚たちが希少種になり、さらにいなくなってしまっては回復のしようがありません。ただの魚がただの魚でありつづけてさえいれば、いつかは琵琶湖本来の生態系が復活します。

　在来魚が豊かな地域として指定した八つの地域のうちで、守山市街地はとくに重要な地域と考えています。この地域は、現在、急激な都市化が進んでいます。それにもかかわらず、ＪＲの駅付近でもヌマムツやカマツカ、オイカワ、タモロコといった魚がガード下を流れる水路に生息しています。「コラム　東海道線（琵琶湖線）と魚の分布」（一六二ページ）で紹介したように、ＪＲから浜街道までの地域の旧市街地を縫って流れる水路やその周辺の農業水路には多くの在来魚が分布しており、ブルーギルやオオクチバスをほとんど見ることがありません。この地域に生息する在来魚がこれからどうなっていくのか、またその生息環境が都市化によってどのように変えられていくのかによって琵琶湖の将来が占えます。というのも、この地域の水路に生息する魚たちがいなくなってしまっては、琵琶湖の魚たちを回復させる供給源がなくなると考えたからです。

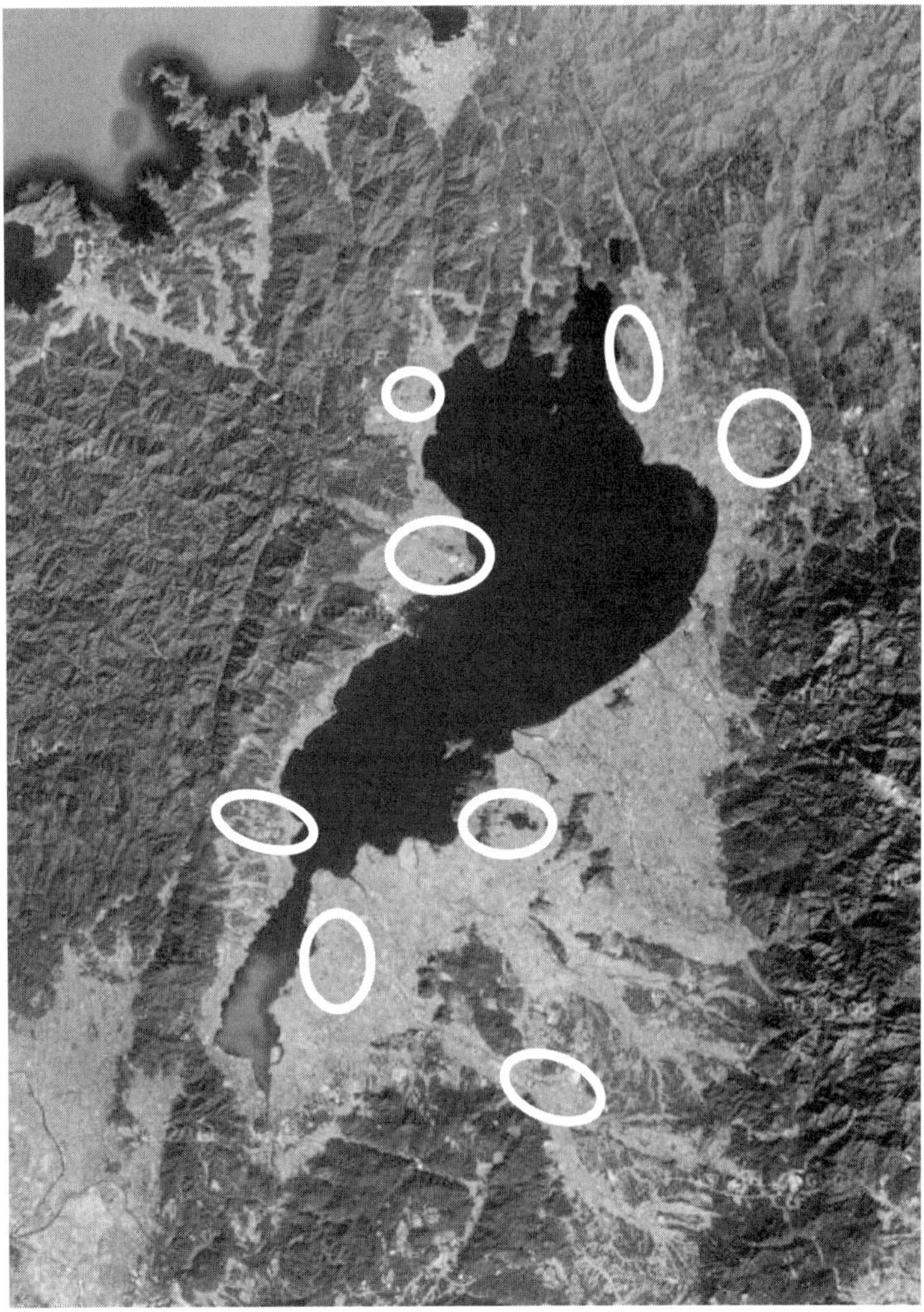

図4－6　ただの魚の豊かな地域（google map を使用）

そこで、滋賀県に対して、「守り育てたい湖国の自然百選」のなかに、ただの魚が豊かな地域として守山市内の水路を指定するように提案しました。その結果、法竜川流域の湧水路群として、守山市内の水路が二〇〇八年に指定されました。

コラム　コンクリート水路「SA・PA構想」（高田昌彦）

今、日本各地で淡水魚をはじめとする水辺の生物が姿を消しつづけています。それにはいろいろな理由があると思いますが、大きな理由の一つとして、多くの水辺の生物が生息していた田んぼ周辺の環境が大きく変化したことが挙げられます。かつての田んぼは、田植えの時期になると周囲の川や水路を堰き止めることで水位を上げて、田んぼのなかに水を引き込んでいました。そのときに、多くの魚などが田んぼのなかに入って繁殖の場としていました。ところが、近年になって田んぼへの水は、水道のようにコックをひねれば出るようなものに変わっていき、排水口の蓋《ふた》を開ければ勝手に水が排水されるようになり、田んぼと排水路との間には大きな落差が造られています。

周辺の水路や川も真っすぐに整備され、壁も底もコンクリートで固められてしまいました。農業に携わる人が減っていくなかで生産効率だけが求められ、仕方なくそうなった場所も多いようです。そのような田んぼや水路から、水辺の生き物は姿を消してしまったのです。実際、コンクリートむき出しの水路をのぞいてみても生き物が見当たりません。ところが、うおの会で調査をしていると意外なことが分かってきました。

　そのようなコンクリート水路にも、たくさんの魚が群れている所があったのです。そういう場所には、必ず「枡《ます》」と呼ばれるものが設置されています。枡とは、コンクリート水路の一部が広くなったり深くなったりしている四角い場所のことで、コンクリート水路の合流部や曲がり角などに見られます。こういう場所には泥や砂が積もっているため水草が生えていることも多く、魚をはじめとして多

(上) 水路の枡 (撮影：手良村知央)
(下) 壁や底がコンクリートで固められた水路 (撮影：中島経夫)

くの水辺の生き物が棲みついています。コンクリート水路を高速道路にたとえると、枡はまさに「サービスエリア（ＳＡ）」のような働きをしていると言えます。

コンクリート水路の底の一部がはがれて砂や泥が溜まっている部分もありますが、そんな場所にも魚が集まっています。こちらは「パーキングエリア（ＰＡ）」と言えるでしょう。用水路を仕方なくコンクリートで固めてしまう場合でも、水辺の生き物たちのためにＳＡやＰＡを所々に設置してあげると、今よりももっと多くの魚たちを見ることができるようになるのです。きっと、魚たちもそうなることを望んでいるはずです。長年にわたって水のなかに入っていると、少しだけですが魚の気持ちが分かるようになってきました。

魚をむやみに放流しないで

「大きくなって戻ってこいよ」。みんなの期待を込めて、ニゴロブナの稚魚を放流する光景が琵琶湖周辺でよく見かけられるようになりました。やがてその効果も現れてくることでしょうが、「これはマズイ」という放流も目にすることがあります。

ニゴロブナは琵琶湖の固有種で、湖岸水陸移行帯で産卵繁殖して琵琶湖のなかで成長するという魚ですから、琵琶湖水系の生態系を乱すものではありません。それゆえ、滋賀県の漁業者や農業者が中心となり、水産資源の復活や田んぼの土壌活性化を願って成魚や稚魚を放流するというのも正しい選択肢です。

しかし、してはならない放流もあります。オオクチバスやブルーギルなど指定外来魚はもちろんのこと、他の外来魚や金魚やニシキゴイといった飼育品種の放流は厳禁となっています。また、もともとその地に生息していなかった外来魚（国内移入種）も放流してはなりません。滋賀県にあっても、持ち込まれた国内移入種であるヌマチチブやオヤニラミなどの繁殖によって、他の琵琶湖の固有種や在来魚の生存が脅かされているのです。

さらに、同じ種であっても、「ここには、今は少なくなっているけど昔はたくさん生息していた」と言って別の水系から持ってきて放流してもいけません。メダカやドジョウのように移動性の小さい魚種は、それぞれの地域、水系によって特有の異なった遺伝子をもっています。交雑することによって遺伝子が乱れ、優性な形質が出現し、もともとの種が絶滅してしまう可能性もあるのです。豊かな自然の象徴として「生物多様性」を標榜していますが、それと人為的に持ち込まれた種や交雑種の数の多さとはまったく別のことなのです。

そんななか、二〇一〇年五月一三日、NHKの夕方七時のニュースを見ていると大変ショッキングな情報が飛び込んできました。「滋賀県米原市地蔵川でハリヨ（絶滅危惧種）が絶滅した可能性」という内容のものです。その後もマスコミ各社によって報道されていますから、読者のみなさんも耳目《じもく》に新しいことでしょう。誰かが人為的に放流した近縁種であるイトヨとの交雑が進んでしまったことによる結果です。一見しただけでは似通っていても、本来ハリヨは前半身に鱗《りん》板《ばん》が六から七枚並んでいるのを特徴としていますが、この交雑種には鱗板が後半身にまで連なり、明らかにイトヨの特徴をあわせもった別種となってしまったのです。

このニュースの驚きも冷めぬ五月二二日、琵琶湖産のカワニナを、岐阜市の河川に「ホタル育成」のために毎年大量に放流しているという報道がありました。それは、この岐阜市だけに留まらず、三重県、岐阜県、愛知県、福井県でも同様に琵琶湖産のカワニナを放流しているそうです。愛すべき「ホタルのため」という情に流されやすい風潮に対して、当時「COP10[14]」の開催を間近にひかえ、生物多様性の観点から許せないこととしてNHKが問題提起をしたのでしょう。

少し以前のことになりますが、この「ホタルのため」からでしょうか、滋賀県守山市でカワニナに似たコモチカワツボという外来種である巻貝が繁殖しているのが見つかりました。その後の調査で、彦根市、東近江市、高島市などでも高密度で生息していることが分かっています。これらはすべて、「ホタルの生息する川（里）」として有名な所ばかりです。たぶん、ホタルを愛する人が放流したものでしょう。現在のところ顕著な被害は出ていませんが、このコモチカワツボを食べたホタルの幼虫が成虫に成長する確率はカワニナを食べているものに対して約六分の一であり、光量も約二分の一だという研究報告もあります。これでは、ホタルにとって繁殖は難しく、大迷惑なことと言えます。

「この地域を流れる川（水路）を魚の棲めるきれいな川に、ホタルの舞う里にしよう」というような運動が各地で取り組まれています。こうした運動の広がりは大変すばらしいことです。そして、この運動が進展して川がきれいになれば、日本人にとってはなじみ深く入手のしやすいコイを放流したくなるでしょう。そして、それつづいて「ホタルの舞う里となるように」とカワニナを放流するのでしょうが問題もあります。

コイには、野生のノゴイとその養殖品種であるヤマトゴイ、さらにはニシキゴイなどがありますが、そのいずれも、比較的汚れた水環境にも適応できる強い魚種です。食性は、泥に生える藻類や水草、底生動物など何でも食べる大食漢で、もっとも好むのがタニシやカワニナといった巻貝類なのです。しかも食べ方というと、砂泥と一緒に吸い込み、固い殻をもつ貝類も大きな咽頭歯でバリバリと砕いて摂食し、砕いた貝殻と砂泥を吐き出します。これでは、ホタルの里の夢はどこかに飛んでいってしまいます。

水底を掘り返しながらのコイの摂食行動は、底生動物を根絶させるのはもちろんのこと、水草の根も浮かび上がらせ、たとえ食べなくても枯死させることになります。小さな水域にコイを放流してしまうと、時を経ずして、それ以外の生き物が生息しないという環境に陥ってしまいます。

最近のことですが、うおの会の定例調査でまさにそういった場面に出くわしました。ゆるやかな勾配のある小河川で、約五〇～六〇メートルごとに木製の堰《せき》が設置されており、それぞれの区間には地域自治会で放流したコイだけが悠然と泳いでいました。しかし、そのコイも人が与える

(14) 二〇一〇年一〇月一八日～二九日に、名古屋で開催された生物多様性条約第一〇回締結国会議のことです。

エサがなければやがて死に絶えるでしょう。ちなみに、アメリカ大陸にはもともとコイは生息していませんでした。そこにコイが移入されてさまざまな問題を引き起こしており、「侵略的外来魚」として日本でのオクチバスなどと同様に扱われています。

川に魚を呼び戻すためには長い時間が必要です。魚が戻るのに長い時間がかかるのではなく、魚が棲みやすい川に魚が戻ってくることのできる環境を整えるためには時間がかかるということなのです。琵琶湖の周りの水路には、まだまだ十分に在来魚が回復するだけの能力があります。安易な放流はしないで、自然に魚が戻ってくるのを待つようにしましょう。

日本魚類学会では「生物多様性の保全をめざした魚類の放流ガイドライン」を策定しており、安易な放流を避け、善意での放流であっても地域固有の生態系を乱さぬように働きかけています。詳しくは、日本魚類学会のホームページをご覧ください。

第5章

「うおの会」とコラボして

（撮影：中島経夫）

琵琶湖お魚ネットワークの活動で、うおの会ではこれまでにさまざまな団体とコラボレーションをしてきました。目的の違うそれぞれの団体と一緒に魚つかみをすることによって、お互いに新しい視野を広げてきたと思います。小学校の総合学習では、教員や学校での教育活動だけでは得られない情報や経験を小学生に与えることができましたし、地域の水環境の保全に取り組む団体が行う観察会では、思わぬ発見の手助けをしたことなどから活動のネットワークが広がっていきました。

また、博物館で子どもたちを対象にした体験型プログラムを開発実施していた団体とのコラボレーションでは、フィールドでの体験学習という新しいプログラムの可能性が生まれました。そして、琵琶湖の外来魚駆除を考える団体とのコラボレーションでは、琵琶湖の在来魚がどのようなものかを知る機会を参加者に与えることができました。

このほかにも多くの団体とコラボレーションをしてきたのですが、これらの活動によって、うおの会の活動のネットワークは広がっていきました。ただ単に活動の人数が増えたというだけではなく、得意分野が異なる団体のさまざまな視点が重なりあったことでその成果が高まったように思います。以下では、それらの例をそれぞれの団体から紹介してもらいます。

伯母川魚類調査と子どもたち（中村大輔・草津市小学校教諭）

草津市立志津小学校の五年生は、総合的な学習の時間に、琵琶湖博物館の学芸員やうおの会の協力のもとで地域を流れる伯母川《おばがわ》の魚類調査を行いました。そして子どもたちは、その魚類調査の結果をまとめて、地元の公民館に「伯母川博物館」を開館させました。

「伯母川のすごさを伝えたい」という意見は、魚類調査のあとに子どもたちから出たもので、この言葉が博物館づくりをはじめるきっかけとなり、博物館のテーマを「伯母川がすごいとわかる博物館」と決めました。子どもたちが博物館をつくってまで人々に伝えたいと考えた「すごさ」とは、いったい何なのでしょうか。その「すごさ」とは、単に魚類調査の結果だけでは決してないでしょうし、それは、子どもたちが体験を通して肌で感じ、発見した生き物とかかわる楽しさや面白さにほかなりません。川での感動が、子どもたちを博物館づくりに向かわせたのです。ここでは、子どもたちに感動を与えた魚調査の魅力について紹介したいと思います。

調査の前まで、伯母川に入って魚つかみを経験したことのある子どもはいませんでした。伯母川は滋賀県草津市を流れる小さな川で、通学路のすぐ横を流れています。つまり、子どもたちが毎日見ている川ですが、伯母川という名前を知っている子どもはほとんどいなかったのです。そんな川で魚類調査を行うと聞かされたとき、「汚《きたな》そう」、「入る気がしない」と拒否する子どもや、「未知の川探検」と興味を示す子どもなど、反応はさまざまでした。

魚類調査は、春・夏・秋と三回、クラス（全三クラス）ごとに調査ポイントを変えて実施しました。それぞれのクラスの調査では、子ども約三〇人に対して、琵琶湖博物館の学芸員やうおの会のメンバーなど一五人がサポートにあたりました。子どもたちは、専門的な知識をもつ大人の指導のもと、生き物の生態や採集法と保存法を学んだのです。

実際の調査では、子どもたちの感動に満ちた表情があふれていました。川に着くなり、川岸から水中をのぞきこんで水草の根元を見たり、少し深い所で泳いでいるカワムツの群れを確認していました。子どもたちの目は魚に集中しています。これから川へ入ることへの期待と不安で緊張が高まっているようです。

伯母川（撮影：中村大輔）

いよいよ、側面をコンクリート張りにした伯母川《おばがわ》にハシゴをかけて下りることになりました。もちろん、全員が初めての体験ですから、これだけでもワクワクです。水の冷たさに歓声が上がり、学芸員から手渡されたタモ網の使い方を熱心に聞く子どもたちの顔は真剣そのものでした。

魚つかみがはじまると、どの子どもも感動体験の連続でした。「ザリガニに挟まれたらどうしよう」と心配していた子どもが、「カワムツだ」、「ドンコだ」と言って追いかけ回すようになったのです。自然のなかでの直接体験が、子どもたちの魚に対する関心を高めたのです。

専門的な知識をもった大人が話す魚の話にも興味深く耳を傾け、次々と子どもたちから質問が出されました。ある子どもは、初めての調査の感想を次のように書いてくれています。

「はじめはすっごくいやでした。川に入ってからもそうです。すごく冷たい水に『もういやや。上がりたい。』と思いました。（中略）一生懸命やっているうちに（魚つかみが）だんだん楽しくなってきました。草をかき分け進んでいくと、少し深くなっているところがありました。そこは魚の天国でした。私はそこでけっこう魚をとりました」


この感想を読んでも分かるように、初めは嫌で魚つかみを拒んでいたにもかかわらず、体験を通して考え方が変わっていったのです。魚がたくさんいる場所を、魚にとっても魚つかみを楽しむ自分にとっても「天国」と表現していることが示すとおり、川や魚に対する意識がプラスイメージへと転換したことが分かります。ほかの子どもたちの感想にも、初めて触れる生き物への感動や、魚つかみのなかでの魚とのかけひきの楽しさが綴られていました。

そのあとに行った調査での子どもたちの感想にも、やはり

伯母川での調査風景（撮影：中村大輔）

生き物とかかわる楽しさがあふれています。調査を重ねるごとに、川の楽しさや面白さなど、自分たちが味わった感動を伝えたいという想いが深まっていったのです。その想いが博物館づくりにつながり、生き物に対するさらなる興味や魚類調査をサポートしてくれる大人への感謝の気持ちなども深まっていきました。

子どもたちの川に対する意識の変化は、魚類調査前後に実施したアンケートの結果からも分かります。「伯母川《おばがわ》は好きか」という問いに、調査前は「好き・嫌い・何とも思わない」が三分の一ずつであったのに対して、調査後は約九〇パーセントの子どもが「好き」と答えました。また、伯母川のイメージも、「汚い川」から「自然豊かな川」、「生き物がいっぱいいる川」などプラスイメージに変化しています。この結果からも、この調査が伯母川の見方を一変させたことが分かります。

子どもたちが川に対する意識を変えた要因はいくつかありますが、そのなかでも一番大きいのが、川に入って魚つかみを楽しむという直接体験を通して「本物」に出合えたことでしょう。水の冷たさを肌で感じる本物の川、それまでは図鑑でしか見たことがなかった本物の魚、それをとるための本物の道具、そして本物の知識をもった大人、これら本物と出合ったときの驚きと感動が身近な自然に対しての興味を高めたようです。

伯母川博物館をつくりあげた子どもたちは、「より多くの地域の人々に見に来て欲しい」と話しています。そして、「伯母川のすごさに気づいてほしい」と語っています。しかし、本当の子どもたちの願いは、博物館で伯母川に興味をもったら、本物の伯母川に足を運んで欲しいというものでした。そう語る子どもたちの姿から、伯母川や地域への深い愛着が感じられました。

この活動は、単に魚をとって魚の知識を高めるだけでなく、川とかかわって自然を楽しむことを通して郷土の自然に愛着をもち、地域を大切にする心の育成にもつながっていると言えます。

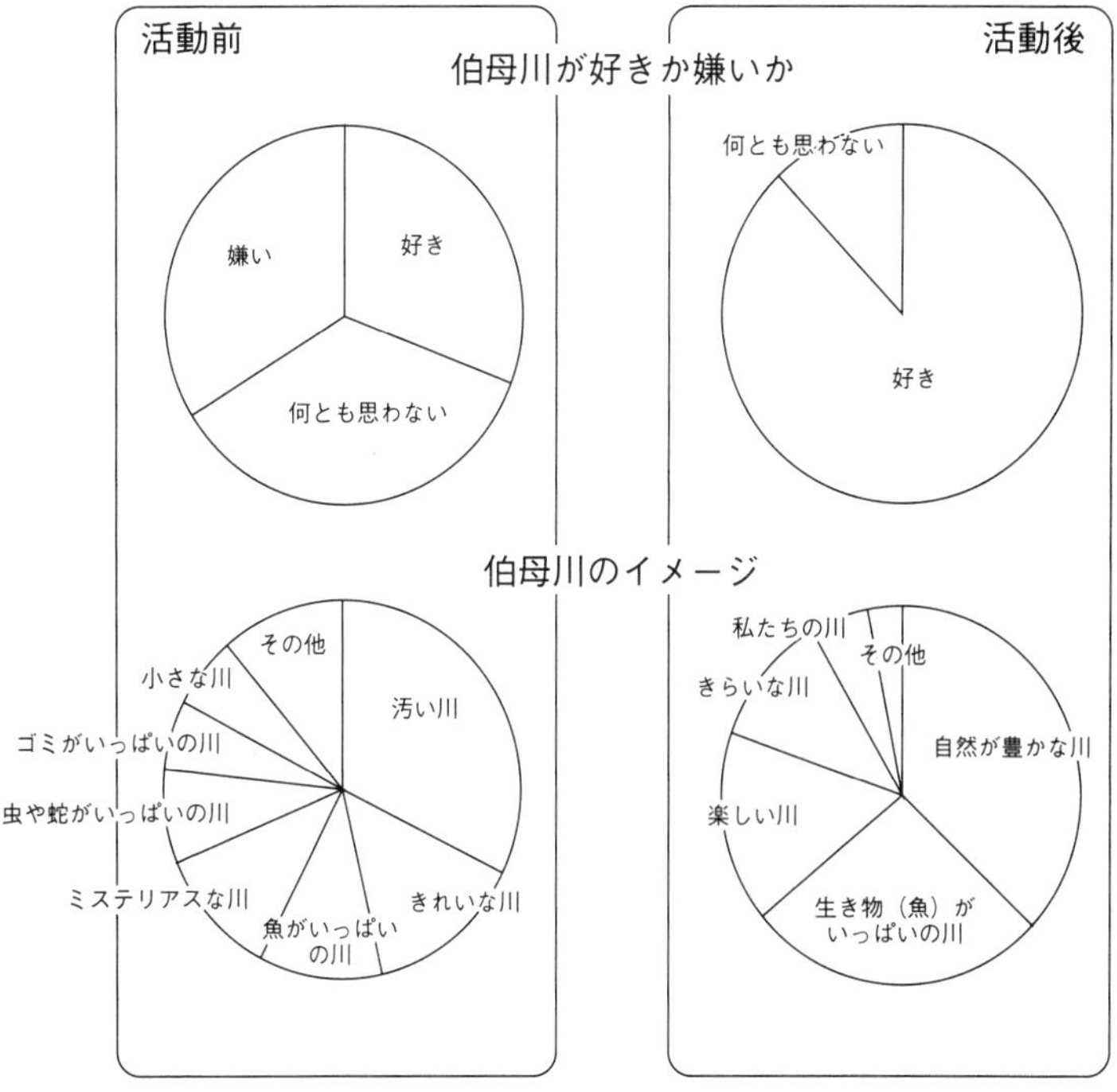

調査活動前後での子どもたちの意識変化

めずらしい魚を見つけた（上原和男・水土里ネットしんあさひ）

「スジシマドジョウが見つかったぞ！」

その大きな、そして感動した声が田んぼに響きわたりました。魚つかみに参加していたみんなが、その声の主を探しました。そして、「スジシマドジョウって言ってたかな」、「それってどんなん」、「知ってる」とさまざまな声があちこちから上がりました。

うおの会が一九九八年から二〇〇二年にかけて県内の河川や水路など約二八〇〇か所で実施した調査では、スジシマドジョウの大型種は二〇か所で四六匹、小型種は四か所で三〇匹しか確認されていませんでした。そんなめずらしいスジシマドジョウの小型種が、二〇〇五年五月に行った観察会で見つかったのです。

つかまえたのは観察会に参加した小学生の子どもたちで、タモ網でガサゴソしていたら普通の魚とは少し形が違う生き物がタモ網の中に入り、「これ何？」と、近くで観察していたうおの会の人に尋ねたのが発見のきっかけでした。

場所は、滋賀県内の某所、琵琶湖から少し上流にある田んぼのなかです。四月に数年前から放置されている田んぼに水を入れはじめ、田んぼの水を川に戻す所には魚道を造りました。魚道とは、魚が田んぼと川を行き来する道のことで、水かさが少なく流れが急になっています。そこで、みんなで考えて、魚がケガをしないように底にムシロを敷いたり、魚が上る途中で休憩できるように石ころを所々に置きました。そして、魚が上ってこないかと観察をしていたところフナやナマズが元気よくのぼってきて、田んぼに入っていったのです。

この様子をみんなにも知って欲しいと、近くで自然保護活動をしていた琵琶湖河川事務所、水資源機構琵琶湖開発総合管理所、行政、そして私たち「みずすまし推進協議会」[1]が協力して田んぼや水路での観察会を実施することにしたのです。もちろん、魚に詳しいうおの会にも協力していただきました。

二〇〇五年五月、第一回の観察会では小さな魚の卵を観察したのですが、このときにスジシマドジョウを見つけたのです。そして、翌年の第二回の観察

(1) 環境と調和した循環型の農業農村をつくりあげることを目指して活動している団体。連絡先：滋賀県庁広報課。アドレス：webmater@pref.shiga.lg.jp

休耕田を利用した観察会（撮影：上原和男）

会では生まれたての稚魚を見つけ、三回目の六月には二センチほどになった魚を観察しました。

観察会は毎年行っていて、二〇一二年で八年目を迎えます。参加してくれた子どもたちは、親と一緒に田んぼに入って観察します。田んぼに入るのが初めての人が多く、最初は転ばないように気をつけていますが、一度転んでしまうとみんな泥んこになって魚つかみをしています。とくに、普段は子どもに厳しい親たちが夢中になって魚つかみをしています。

当初、参加者の多くは近くの子どもたちでしたが、最近は大阪や京都など遠くからの参加者が増えつづけています。一回の観察会に二〇〇人を超える参加者があり、田んぼがあっという間に人でいっぱいになったこともありました。「観察会を毎回楽しみにしています」と言ってくださる家族もあり、私たちも元気をもらっています。

つづけて観察会を実施していくと、観察会に参加

針江川での川遊び（撮影：上原和男）

していた地元の人たちから「私たちも協力させて欲しい」という話をいただき、現在は先に挙げた団体のほかに地元の自治会や漁業協同組合などにも協力いただけるようになり、「琵琶湖お魚ふやし隊(2)」という名前で活動するようになりました。魚つかみ、川下り、草花の観察、もちつき、野草の天ぷらづくりなど、会を重ねるごとに楽しいメニューが増えています。

小学生のころに近くの川で魚をつかんだという思い出を楽しそうに話す大人が多いにもかかわらず、その子どもたちにはそのような経験がほとんどないのです。昔は、アユやオイカワ、カワムツ、アブラハヤなどが手でつかめたときもあったのに、今は川に魚が少なくなってしまったからでしょう。しかし、高島市を流れる針江の川では、夏になると幼稚園や小学生くらいの子どもたちが川に入って川遊びをしている姿を見かけることができます。もちろん、たくさんの魚も見ることができます。

みなさんの住んでいるあたりの川はいかがですか。少し前まで魚や生き物がいなかった所でも、ひょっとしたら最近は生き物が戻ってきているかもしれません。親子で川遊びや魚つかみを楽しんでみてはいかがですか。

---

(2) 琵琶湖と田んぼを結ぶ連絡協議会が行政と協同して行っている環境保全活動(観察会や環境展など)。連絡先:琵琶湖河川事務所河川環境課。電話:〇七七-五四六-〇八四三。

「びわたん」と「うおの会」（北村美香・琵琶湖博物館特別研究員）

私たち「びわたん」(3)は、琵琶湖博物館を拠点として、主に子どもたちを対象にした「化石のレプリカ作り」や「草木染め」などの体験型プログラムを企画・実施しています。プログラムへの参加を通じて、多くの人がモノを使った体験を楽しみ、同時にその楽しさが身近な自然や文化への新しい発見や知識を得る契機となることを目指しています。

「びわたん」の主な活動は、博物館の施設を活用したプログラムを実施することで、その性格上、活動のほとんどをこれまでは室内で実施してきました。しかし、テーマを「身近な環境」としたときにはプログラムを野外のフィールドへ展開していかなければならないと強く感じていたのですが、その難しさがゆえになかなか実施するまでには至りませんでした。

次のステップを模索しているなかで、フィールドで実際に活動している人たちからアドバイスをしてもらおうと考え、フィールドでの観察会をたくさん手がけてきたうおの会にお願いをして、河川をはじめとする水辺での楽しみ方というテーマでプログラムを開発していくことにしました。プログラムの内容についてはもちろんですが、安全管理や実施当日までにするべきことなど多くのアドバイスをいただき、実際に観察会にも参加しました。

また、二〇〇七年度には「びわたん」のプログラムに講師として来ていただくことにもなりました。うおの会のみなさんと一緒に活動することでお互いのプログラムを客観的に見ることができ、協同によって不足部分を補えるようなより良いプログラムをつくりあげていくことができるようになりました。そして、二〇〇七年七月、滋賀県守山市の目田川流域で、身近な自然や環境に興味をもつきっかけづくりを狙いとしたプログラムを、「びわたん」をはじめ「うおの会」、「守山ほたるの森資料館(4)」、「WWFジャパン(5)」、「琵琶湖博物館」の五団体で共同開催することになったのです。

このプログラムは、河川の生き物調査を行い、魚つかみで感じたことを「思い出シート」として作成するという内容でした。プログラムのまとめでは参加者各自が自分の感じた川を自由に表現し、それぞれの作品を「みんなの川」として一列に並べて参加者全員が共有することで、自分の発見に加えて他人に指摘されて初めて気づいたことなどを話し合いました。約三時間のプログラムでしたが、それぞれが感じたことを表現した「みんなの川」は、多くの思い出とともに身近

(3) 連絡先:草津市下物町一〇九一 琵琶湖博物館内 はしかけグループびわたん。アドレス:biwatan@lbm.go.jp

(4) 「ほたるの住むまち ふるさと守山」を目標に、ほたるを通じた環境づくりを目指す拠点施設。連絡先:守山市三宅町10番地。電話:〇七七-五八三-九六八〇

(5) 人と自然が調和して生きる未来を目指す国際自然保護NGO。

みんなの川、完成(撮影:北村美香)

な環境に対して興味をもつきっかけになったと思います。

プログラムの進行は、各団体の活動を活かすために全体を「今回のまとめと感想の共有」「身近な環境問題に関する話題提供」、「河川での調査」、の三つのパートに分けて、それぞれ主担当を決めるという方法で実施しました。河川での調査はうおの会や地域に詳しい「ほたるの森資料館」が担当し、身近な環境問題に関する話題提供についてはＷＷＦジャパンと琵琶湖博物館が担当し、そして、まとめと感想の共有、それぞれの団体を一つにまとめるコーディネーター役を「びわたん」が担当しました。

五つの団体が協同という形で行ったこのプログラムから多くのことが得られました。まずよかった点としては、各団体の特徴や知識を参加者に総合的に提供できたことです。各団体の特色を活かしながらも、不足分はそれを得意とする団体がフォローすることでプログラムの完成度を高めることが可能となりました。

また、スタッフ数が多く確保できたことも挙げられます。

とれた魚の解説（撮影：北村美香）

今回の場合は一五名のスタッフで実施しましたが、各団体が単独で実施する場合はここまでの人員を集めることが難しいため、共同開催ならではの結果と言えます。さらに、今回のイベントがきっかけで、他団体の活動について情報交換が可能となりました。

そして、今後の課題もはっきりしました。各団体の方針の違いや、価値観の違いから実施に向けての議論が円滑に進みづらく、意見を統一するのに必要以上の時間がかかったのです。各団体ともに実施スタイルが確立しているため、プログラム内容を議論する以前に、そのスタイルをまず理解することからはじめなければならなかったことが主な原因と考えられます。また、プログラムの狙いの実現に向けて、「何に重点を置くか」、「どのような手段を使うか」、「各団体の特性をうまく活かすための最善の方法は何か」など多くの調整をしなければならないにもかかわらず、みんなが集まって打ち合わせをする時間の確保ができませんでした。このような結果をふまえて、今後これらの課題を解決し、円滑に企画を進行するためには、コーディネーターの担う役割が大変重要であることが分かりました。

とはいえ、協同でプログラムを実施することで多くを議論し、問題解決に向けての意見交換をする機会をもてたことは、自らの活動を客観的に見るためのよいきっかけとなりました。今後、さらに活動を発展させていくためには、活動内容の違いといった枠を超え、お互いの長所を活かすことでより楽しく、多くの情報を提示できると考えています。これからも、よきパートナーとして、それぞれの活動がさらに発展できることを願っています。

「琵琶湖を戻す会」と「うおの会」（高田昌彦・琵琶湖を戻す会会長）

琵琶湖の魅力の一つに、そこに生息している魚とのかかわり合いがあります。琵琶湖やその周辺にはさまざまな種類の魚が数多く生息しており、網でとったり、釣ったり、食べたりと、琵琶湖の魚は私たちに多くの喜びを与えてくれていますが、近年その魅力が薄れつつあります。それは、琵琶湖に外来魚が増えすぎたことによって、もともと琵琶湖に生息していた在来魚が減ってしまったからです。現在、琵琶湖はさまざまな問題を抱えていますが、外来魚問題は琵琶湖にとってもっとも深刻な問題の一つになっています。

外来魚問題が大きく取り上げられはじめた二〇〇〇年の春、私は淡水魚好きの仲間たちとともに「琵琶湖を戻す会」(6)を設立しました。当時、流行していたパソコン通信を通して日本全国に散らばる人たちと淡水魚に関する情報交換をしたり、ときには各地に集まって淡水魚釣りなどをしたりしていました。

全国の仲間と交流するなかで、琵琶湖のことがよく話に出てきました。日本の淡水魚と言えば「聖地」である琵琶湖を外して語ることができず、全国の淡水魚好きにとっては憧れの場所だったのです。当然のように、琵琶湖で淡水魚の採集がしてみたいという要望が全国の多くの人たちから寄せられました。しかし、そのころは、琵琶湖はすでに外来魚に占領されてしまったような状態になっており、小魚を釣ろうと遠路はるばるやって来ても、釣り竿に掛かってくるのはブルーギルばかりだったのです。

「自分たちの趣味はひとまず置いて、まずこの外来魚をなんとかしよう」と、集まった仲間で外来魚の駆除をはじめたのですが、広い琵琶湖に溢れるほど生息している外来魚が数人で減らせるはずがありません。そこで、琵琶湖の外来魚問題を一人でも多くの人たちに知ってもらおうとはじめたのが一般参加の外来魚駆除釣り大会です。これを機に、琵琶湖を外来魚がいなかった状態に戻すことを目的として「琵琶湖を戻す会」を設立したのです。

主な活動内容は、今述べた「外来魚駆除釣り大会」です。琵琶湖の外来魚の現状を一般の人たちに理解してもらうには、実際に竿を出してもらうのが一番と考えたのです。釣り方も、外来魚釣り用のルアーやリール竿はあえて使わず、昔から琵琶湖周辺で「おかずとり」や子どもの遊びで使われてきた「のべ竿に玉ウキにミミズのエサ」という釣り方にこだわりました。かつてはボテジャコやハエジ

(6) 連絡先：大阪市中央区瓦屋町一-一〇-一二。電話：〇九〇-八五二七-三七五二。アドレス：masahiko.takada@nifty.ne.jp

外来魚駆除釣り大会で（撮影：高田昌彦）

外来魚駆除釣り大会（撮影：高田昌彦）

ヤコ、モロコなどの雑魚を釣るために用いられたこの釣り方でも外来魚しか釣れないという現実を知ってもらいたかったのです。

これまで一〇年間に四〇回以上の駆除釣り大会を実施してきましたが、外来魚の四〇〇〇〜五〇〇〇尾に対して在来魚は一尾程度の割合でしか釣れませんでした。それほどまでに増えてしまった外来魚ですが、やはり「駆除」と言えば命を奪う行為であるために、初めて参加される人のなかには抵抗のあった人もいました。そんな人には、なぜ駆除が必要なのかを説明して納得してもらいました。

この駆除釣り大会は、春二回、秋二回の年四回実施しており、二〇〇六年からは琵琶湖を下った淀川下流でも春に一回実施しています。活動をはじめた当初は知名度が低かったためにほとんど人は集まりませんでしたが、近ごろでは毎回一〇〇名前後の参加者が集まるようになりました。なかでも五月の最

エリ漁体験（撮影：高田昌彦）

終日曜日は「琵琶湖外来魚駆除の日」と名付けて、駆除釣り大会だけでなく、琵琶湖の幸の試食会、地曳き網体験、外来魚解剖教室、外来魚・在来魚比較展示などの関連イベントも同時に開催しています。参加者の大半が子どもづれの家族で、レジャーを兼ねて楽しみながら外来魚問題とともに琵琶湖の現状を知ってもらう機会となっています。

それ以外にも、定期的な活動として「エリ漁体験」（七月末）があります。漁師さんの船に乗って参加者自身が本物の漁を体験しながら、どれくらいの外来魚がとれるのかを実感してもらっています。

これらは、言うまでもなく外来魚の現状を知ってもらうための活動ですが、現在ではそこからさらに一歩踏み込んで、「いかにして外来魚を駆除するか」ということを目的として二〇〇六年から「外来魚情報交換会」を開催しています。毎年一月末に行っているもので、全国各地で外来魚の駆除や研究をしている個人や団体が集まり、外来魚に関するあらゆる情報を持ち寄っての交流会となっており、毎年一〇〇名を超える参加者が集まっています。

外来魚駆除と魚つかみ

とは言うものの、琵琶湖を戻す会の活動の中心は外来魚駆除釣り大会であることに変わりはありません。毎回、多くの子どもたちが参加してくれています。ところが、彼らが生まれたとき、すでに琵琶湖は「外来魚だらけ」だったので、彼らは守るべき対象を知らずに外来魚駆除活動に参加しています。本来なら、守るべき対象である、かつて琵琶湖の沿岸に群れていた小魚や、その小魚たちを育む環境の尊さや素晴らしさを知ったうえで外来魚の駆除活動に参加してもらいたいのですが、肝心の小魚がほとんど姿を消してしまった今となってはそれも適わなくなってしまいました。

しかし、琵琶湖岸から姿を消してしまった在来魚も、琵琶湖を離れた内陸部の河川や水路、そしてため池などではまだ生息している所がたくさんあります。まず、子どもたちにはそのような場所で、かつての子どもたちがやっていたように、釣りや魚つかみを通して琵琶湖の在来魚に触れてもらい、水辺本来の豊かな多様性を肌身で感じてもらうべきだと考えています。

そして、それを実践できる場がうおの会の野外活動だと考えています。琵琶湖を戻す会と同じ年に誕生したうおの会の活動は、調査という目的はあるものの、琵琶湖周辺の各地で川や水路に入って魚つかみを楽しむ会です。参加している私たちも、さまざまな環境で水に入って活動していると、知らず知らずのうちに、かつては琵琶湖岸で見られたであろう水辺の豊かさを実感できるようになりました。

また、うおの会では活動当初はとれた魚をホルマリンで固定して標本として残していました。外来魚駆除に参加してくれる人が外来魚を殺すことに抵抗があったように、私も大好きな淡水魚を食べるわけでもないのにその場で命を奪ってしまうことに抵抗がありましたが、その後の活動を通して、その魚が生きていた証《あかし》として標本を残すことは、食べたり飼育したりすること以上に大切なことであることを理解しました。ちなみに、うおの会では今は標本を残しておらず、調査でつかまえた魚は記録用紙に記入するだけでその場に放流しています。

今後の活動に思うこと

この一〇年間、琵琶湖を戻す会とうおの会の双方の活動にずっと参加してきて感じるのは、外来魚の駆除と在来魚への理解という両者のバランスをとることの重要性です。琵琶湖に在来魚を呼び戻すためには外来魚駆除は避けて通れないことですが、守るべき対象を知っておくことももとても大切です。この両者のバランスをうまくとりつつ活動することは、すでに活動している人たちはもちろんのこと、これから活動に参加しようとする子どもたちにとってもとても重要なことですし、外来魚駆除活動に参加しつつも守るべき対象を知り、さらにそれらを守るためにはどうすればよいかを考えられるような場を私たちが提供してゆくことも重要となります。

琵琶湖の在来魚を知るにせよ、外来魚を駆除するにせよ、まずは一人でも多くの子どもたちを水辺に呼び戻さなければなりません。かつては子どもたちにとって当たり前の遊び場だった水辺も、近ごろはゲームや塾などに拘束される時間が増えてしまったために近寄らない所となってしまいました。子どもたちを水辺に戻すためには、水辺の楽しさを知っている私たちが知恵を絞らなければいけないのですが、なかなか妙案は見つからず、双方の活動が一一年目に入った今も模索する日々がつづいています。

あとがき

今から十数年前、琵琶湖博物館ができてまもなくのころ、私の研究室に藤本勝行さんというおもしろい人が訪ねてきました。ガソリンスタンドを経営されているということでしたが、滋賀県内の昆虫のことや魚のことについて、驚くほど詳しい人でした。

「あんた、まとめる気あるか？　その気があるなら、協力してやってもいいぞ」と唐突に言われたのですが、正直なところ、そのときはあまり乗り気ではありませんでした。

それからしばらくした夏休みの暑い日、突然、滋賀県守山市にある私の家まで、今度はタモ網を持って藤本さんがやって来たのです。「夏休みの自由研究だ！」と言いながら、私と息子を川に誘ったのです。しぶしぶ団地のなかを流れる水路に行き、そのタモ網で魚つかみを始めることになったのですが、タモ網を上げるたびに、ヨシノボリ、タモロコ、ヌマムツ、ギンブナ、メダカなどが入っており、最後にはナマズまでがとれたのです。一面がコンクリートで固められた、幅一メートルほどの水路に、こんなにもたくさんの魚がいるのかと思わず感心してしまいました。

ご存じのように、琵琶湖の沿岸はブルーギルやオオクチバスに席巻されており、在来種はいったいどこにいるのかという状況になっています。しかし、団地のなかを流れる水路では、ブルーギルやバスの姿は見かけないのです。在来種がこんなにもいて外来種がいないというのは、この水路だけの特異なことなのだろうか、それとも滋賀県のほかの地域でも同じなのだろうか、といった疑問が日増しに大きくなり、これには魚と人との間に深いかかわりがあるにちがいないと思うようになりました。これまで魚に興味のなかった私を、まさに「魚つかみ」の世界に引き込んだ出来事でした。そして、これがきっかけとなって「うおの会」を始めることにしたのです。

うおの会の活動は、これまでに本書において述べましたように、魚つかみを楽しみながら調査を行うことです。滋賀県内の各市町村の小字ごとの魚の分布を調べるという途方もないことを始めたわけですが、会員数もしだいに増え、あっという間に滋賀県内の魚の分布状況が把握できました。研究者だけの調査では、詳細な分布図を書き上げることはできません。それを成し遂げたことで、会員の意識も「ただ魚つかみを楽しむ」から次第に「科学的調査を楽しむ」ことにシフトしていきました。さらに、魚つかみの楽しみを次世代を担う子どもたちにも広めようと、二〇〇五年から「お魚ネットワーク」の活動をスタートさせ、観察会を盛んに行うようにもなりました。

身近な水環境である家の前の水路や田んぼの水路を、ただ水が流れる水路と認識するのか、それともたくさんの生き物が棲んでいる水路と認識するのかでは、それらに対する接し方が変わってきます。一見したところ汚い水路のように思えても、そこで魚つかみをすることによって見方が変わってくるのです。身近な水環境や、そこに棲むただの魚に関心をもってもらうことは、環境問題を考えるうえにおいても大切なことです。うおの会の活動によって、数万人にも上る人々が身近な環境について関心をもつようになったことは、これまでに集まった調査データ以上に環境保全に役立つものと思っています。うおの会が主催した観察会に参加した子どもたちの記憶のなかにも、きっと初めてつかんだ魚の姿が残っていることでしょう。

これまでの活動の成果は、すべての会員にとっても大いなる励みとなりました。これまでは遊びでしかなかった魚つかみが、調査や観察会を通じて社会に貢献できるということを実感するようになったのです。会員の多くが、「魚の知識や観察会の手法など、勉強をかかさない」、「ただ魚つかみを楽しむだけで環境保全に役立つ」、「責任感や使命感が増した」というような思いを共有しています。地域の環境保全を担っているという自覚や、共通の目標を目指しているという連帯感は、こうした活動に参加することによって得られるものです。うおの会の活動は、言ってみれば、会員自身が「地球人」として成長していくための活動であったと思います。

うおの会では、二〇一〇年に第二次調査を終え、二〇一一年からは第三次調査を開始していきます。これからも、身近な水環境やそこに棲むただの魚たちのモニタリング活動を行っていくことになっています。読者のみなさんも、この活動に参加して魚つかみを楽しんでみませんか。本書を読んで私たちの活動に興味をもたれた方は、うおの会事務局（uonokai@gmail.com）にご連絡をください。一人でも多くの方が、魚つかみを楽しむことで、それぞれ住んでいる周りの自然環境に配慮ができるようになることを願っています。

最後になりますが、うおの会の発足のきっかけを与えていただきました藤本勝行氏、うおの会の調査、琵琶湖お魚ネットワーク、琵琶湖だれでも・どこでも調査隊に参加されて魚つかみを楽しまれた多くの方々に御礼を申し上げます。また、これらの活動には、ＷＷＦ・ブリヂストンびわ湖生命の水プロジェクト、文部科学省子どもの居場所事業、近畿建設協会、琵琶湖・淀川水質保全機構などの委託や助成を受けました。御礼申し上げます。

うおの会の会長、副会長をはじめとする運営委員の皆様には、編集委員として本書の編集作業を手伝っていただきました。改めて、御礼を申し上げます。そして、本書を「シリーズ近江文庫」の一冊として加えていただいただけでなく、原稿の初期の段階からさまざまなアドバイスをしていただきました「たねや近江文庫」のスタッフのみなさま、また編集作業において大変お世話になった株式会社新評論の武市一幸氏にも御礼を申し上げます。

二〇一一年　八月　上加茂にて

中島経夫

参考文献一覧

・秋山信彦・上田雅一・北野忠（二〇〇三）『川魚完全飼育ガイド』マリン企画。
・川那部浩哉・水野信彦・細谷和海編（一九八九）『日本の淡水魚』山と渓谷社。
・桑村邦彦著（一九九九）「深泥池における外来魚資源抑制手法―外来魚資源抑制マニュアルの応用」深泥池水生動物研究会編『天然記念物「深泥池生物群集」保全事業にかかる生物群集管理中間報告書』、深泥池水生動物研究会。
・滋賀の食事文化研究会編（二〇〇一）『作ってみよう滋賀の味』サンライズ出版。
・滋賀の食事文化研究会編（二〇〇三）『淡海文庫　湖魚と近江のくらし』サンライズ出版。
・滋賀県水産試験場（一九五四）『琵琶湖水位低下対策（水産生物）調査報告書』滋賀県水産試験場。
・滋賀県農政水産部水産課編（二〇一〇）「遊漁の手帖」滋賀県農政水産部水産課。
・寺島彰（一九八〇）ブルーギル　琵琶湖にも空いていた生態的地位」川合禎次・川那部浩哉・水野信彦編『日本の淡水生物　侵略と撹乱の生態学』東海大学出版会、二一二～二一九ページ。

・中坊哲次編（二〇〇〇）『日本産魚類検索　全種の同定（第二版）』東海大学出版会。
・中尾博行・藤田健太郎・川畑健人・中井克樹・沢田裕一（二〇〇六）「琵琶湖北湖における外来魚ブルーギル Lepomis macrochirus の繁殖生態」『魚類学雑誌』第五三巻、六二七～六三三ページ。
・中島経夫・藤岡康弘・前畑政善・藤本勝行・長田智生・佐藤知之・山田康幸・濱田弘之・木戸裕子・遠藤真樹（二〇〇一）「琵琶湖湖南地域における魚類の分布状況と地形との関係」『陸水学雑誌』六二巻三号、二六一～二七〇ページ。
・中村守純（一九六三）『原色淡水魚類検索図鑑』北隆館。
・琵琶湖博物館うおの会編（二〇〇五）『琵琶湖博物館研究調査報告23号　みんなで楽しんだうおの会　身近な環境の魚たち』滋賀県立琵琶湖博物館。
・琵琶湖博物館うおの会編（二〇〇八）『さかなとりのたのしみかた　調査のしかた・魚のみわけかた（初級編）』琵琶湖博物館うおの会。
・琵琶湖博物館うおの会事務局編（二〇〇七）『琵琶湖お魚ネットワーク報告書』ＷＷＦジャパン・琵琶湖博物館うおの会。
・水野敏明・中尾博行・琵琶湖博物館うおの会・中島経夫（二〇〇七）「琵琶湖流域におけるブルーギル（*Lepomis macrochirus*）の生息リスク評価」『保全生態学研究』一二巻、一～九ページ。

・宮地伝三郎・川那部浩哉・水野信彦（一九七六）『原色日本淡水魚図鑑』保育社。

・村上靖昭・武田繁・小西春次・うおの会（二〇〇五）「法竜川調査の報告」中島経夫・大原健一編『琵琶湖博物館研究調査報告23号　みんなで楽しんだうおの会　身近な環境の魚たち』滋賀県立琵琶湖博物館所収。

・森文俊・内山りゅう（二〇〇六）『淡水魚』山と渓谷社。

・Cargnelli L. M. & B. D. Neff (2006) Condition-dependent nesting in bluegill sunfish *Lepomis macroshirus*. *Journal of Animal Ecology*, 75: pp.627-633.

・Nakajima T. (2011) Interaction between fish and people. Uchiyama J.. K. Lindstrom and C. Zeballos eds. "*Atlas of Historical Landscape*" The Research Institute of Nature and Humanity. (in press)

田中治男（たなか・はるお） 1958年、滋賀県生まれ。琵琶湖博物館うおの会運営委員。ぼてじゃこトラスト実行委員。滋賀県みずすましアドバイザー。琵琶湖お魚探検隊監事。琵琶湖お魚探検隊安土副代表。（1・4章）

手良村知央（てらむら・のりひさ） 1964年、滋賀県生まれ。滋賀県立高校教諭。うおの会運営委員。星空観察会などの天文活動もしている。（1・2章）

中尾博行（なかお・ひろゆき） 1977年、栃木県生まれ。うおの会運営委員。滋賀県生き物総合調査専門委員。滋賀県立大学入学後、琵琶湖のブルーギルの繁殖生態に関する研究で博士の学位を取得。共著書に、『滋賀県で大切にすべき野生生物　滋賀県レッドデータブック2010年版』（滋賀県）。（1・3・4章）

中園健治（なかぞの・けんじ） 1974年、福岡県生まれ。うおの会会員。琵琶湖博物館に嘱託職員として在籍していた間、県内の水棲、陸棲甲殻類の分布調査を行う。現在は、㈱ロマンライフの品質保証室で食品の細菌検査等を行う。（1章）

長田智生（ながた・ともお） 1972年、京都府生まれ。うおの会会員。現在、㈱環境総合テクノス環境部宮津事業所に勤務し、滋賀県立琵琶湖博物館に駐在。共著書に、『オサムシ』（八坂書房）がある。（3・4章）

中村聡一（なかむら・そういち） 1962年、兵庫県生まれ。うおの会運営委員。学生の時の研究テーマはカレイの食性と年齢査定。就職後、その対象が淡水魚になり、飼育・実験を行う。（1・2章）

中村大輔（なかむら・だいすけ） 1974年、滋賀県生まれ。草津市の小学校教員。エコスクール事業や環境教育モデル校事業を担当し、子どもたちの環境学習支援システムの構築や環境教育プログラム開発の研究・実践を行っている。（5章）

福永和馬（ふくなが・かずま） 1986年、滋賀県生まれ。うおの会運営委員。名古屋工業大学に在学中、河川環境にかかわる研究を行っていた関係でうおの会の活動を知り、2009年よりうおの会の活動に参加。（3・4章）

松田征也（まつだ・まさなり） 1961年、滋賀県生まれ。うおの会運営委員。琵琶湖博物館総括学芸員。日本動物園水族館協会・種保存委員会日本産希少淡水魚繁殖検討委員。主な共著書に、『滋賀県で大切にすべき野生生物　2010年版』（滋賀県）などがある。（序章）

水野敏明（みずの・としあき） 1973年、宮城県生まれ。滋賀大学リスク研究センター客員研究員。つくば市民環境会議　湧水探検隊。（1・2・4章）

水戸基博（みと・もとひろ） 1962年、滋賀県生まれ。うおの会運営委員。滋賀県立野洲高校等学校教諭（生物）。前職となる滋賀県立大津高等学校に教諭（生物）として10年間勤務。（1章）

村上靖昭（むらかみ・やすあき） 1939年、大阪市生まれ。うおの会会長。1963年大阪学芸大学卒業後、京都市内の私立学校で理科教育を担当。1984年より校外学舎責任者として自然観察学習を進める。（1・2・3・4章）

執筆者一覧

［アイウエオ順、うおの会会長、副会長、運営委員が本書編集委員、末尾（　）内は担当した章を表す］

石井千津（いしい・ちづ）　1950年代、福岡県生まれ。うおの会運営委員。祖父の影響で子どもの頃から生き物好き、それが長じて生物学を専攻。滋賀県に来てからは、魚や田んぼのエビ類の調査に参加。（1・2・3章）

上原和男（うえはら・かずお）　1957年、滋賀県生まれ。田んぼの区画整理や農業用水を送るポンプの運転などを行っている「水土里ネットしんあさひ」（新旭土地改良区）の事務局長。（5章）

片岡庄一（かたおか・しょういち）　1958年、滋賀県生まれ。うおの会会員。ぼてじゃこトラスト事務局。琵琶湖お魚探検隊安土代表。（1・2章）

河田航路（かわた・こうじ）　1938年、兵庫県生まれ。うおの会会員。NPO シニア自然大学校調査研究部水生生物科所属。兵庫県立人と自然の博物館「ひとはく地域研究員（魚類）」。（1章）

北村美香（きたむら・みか）　1975年、京都府生まれ。うおの会会員。滋賀県立琵琶湖博物館特別研究員。はしかけグループ「びわたん」にて、子どもを中心とした体験学習プログラムを実施。（5章）

後藤真吾（ごとう・しんご）　1954年、大阪府生まれ。うおの会運営委員、滋賀県立学校教諭。たくさんの魚が群れ、魚つかみができる小川をいつまでも残しておきたいと思って活動に参加。（1・2章）

佐瀬章男（させ・あきお）　1940年、東京都生まれ。うおの会会員。滋賀県内の化学会社を定年後、滋賀県レイカディア大学卒業。NPO 法人滋賀県生涯学習インストラクターの会副理事長。滋賀大学「環境支援士」会副理事長。（2章）

佐藤智之（さとう・ともゆき）　1976年、神奈川県生まれ。現在、家族でカンボジアに移住して、淡水魚分布調査や図鑑などを作成する。（3章）

澤田知之（さわだ・ともゆき）　1966年、京都府生まれ。京都市立洛陽工業高校卒業。うおの会運営委員。釣り好きの父の影響で3歳より魚釣りを始める。（1章）

新玉拓也（しんぎょく・たくや）　1985年、三重県生まれ。名古屋大学大学院環境学研究科博士前期課程修了。大学院では、環境保全における人のつながり、意識と行動などについて研究するかたわら、琵琶湖河川レンジャーとして活動。（2章）

鈴木規慈（すずき・のりやす）　1982年、千葉県生まれ。三重大学大学院生物資源学研究科博士後期課程単位取得退学後、現在、三重大学大学院生物資源学研究科リサーチフェロー。（1・2・3・4章）

高田昌彦（たかだ・まさひこ）　1962年、大阪府生まれ。うおの会副会長。琵琶湖を戻す会代表。琵琶湖の外来魚問題と在来魚保全の活動をしている。（序・2・3・4章）

「シリーズ近江文庫」刊行のことば

美しいふるさと近江を、さらに深く美しく

海かともまがう巨きな湖。周囲230キロメートル余りに及ぶこの神秘の大湖をほぼ中央にすえ、比叡比良、伊吹の山並み、そして鈴鹿の嶺々がぐるりと周囲を取り囲む特異な地形に抱かれながら近江の国は息づいてきました。そして、このような地形が齎したものなのか、近江は古代よりこの地ならではの独特の風土や歴史、文化が育まれてきました。

明るい蒲生野の台地に遊猟しつつ歌を詠んだ大津京の諸王や群臣たち。束の間、古代最大の内乱といわれる壬申の乱で灰燼と化した近江京。そして、夕映えの湖面に影を落とす廃墟に万葉歌人たちが美しくも荘重な鎮魂歌（レクイエム）を捧げました。

源平の武者が近江の街道にあふれ、山野を駈け巡り蹂躙の限りをつくした戦国武将たちの国盗り合戦の横暴のなかで近江の民衆は粘り強く耐え忍び、生活と我がふるさとを幾世紀にもわたって守ってきました。全国でも稀に見る村落共同体の充実こそが近江の風土や歴史を物語るものであり、近世以降の近江商人の活躍もまた、このような共同体のあり様が大きく影響しているものと思われます。

近江の自然環境は、琵琶湖の水環境と密接な関係を保ちながら、そこに住まいする人々の暮らしとともに長い歴史的時間の流れのなかで創られてきました。美しい里山の生活風景もまた、近江を特徴づけるものと言えます。

いささか大胆で果敢なる試みではありますが、「ＮＰＯ法人　たねや近江文庫」は、このような近江という限られた地域に様々な分野からアプローチを試み、さらに深く追究していくことで現代的意義が発見できるのではないかと考え、広く江湖に提案・提言の機会を設け、親しき近江の語り部としての役割を果たすべく「シリーズ近江文庫」を刊行することにしました。なお、シリーズの表紙を飾る写真は、本シリーズの刊行趣旨にご賛同いただいた滋賀県の写真家である今森光彦氏の作品を毎回掲載させていただくことになりました。この場をお借りして御礼申し上げます。

2007年６月

ＮＰＯ法人　たねや近江文庫

理事長　山本徳次

編著者紹介

中島経夫（なかじま・つねお）

1949年、東京都生まれ。京都大学大学院理学研究科動物学課程修了、理学博士。うおの会名誉会長、総合地球環境学研究所客員教授、滋賀県立琵琶湖博物館名誉学芸員。

コイ科魚類の咽頭歯を研究するかたわら、多くの人々が身近な水環境に関心をはらうことを願い、うおの会を組織する。本書においては、全般にわたって執筆・編集を行う。

主な共著書に、『日本の自然』（岩波書店、1996年）、『魚の形』（東海大出版会、2005年）、『縄文人の世界』（角川書店、2004年）などがある。

うおの会

滋賀県内の淡水魚の分布状況を調べようと、1998年に淡海淡水魚研究会として発足。藤本勝行氏、武田繁氏、村上靖昭氏が会長、中島経夫が事務局長を務めてきた。うおの会事務局の連絡先は、uonokai@gmail.com。

「魚つかみ」を楽しむ
——魚と人の新しいかかわり方——

2011年9月30日　初版第1刷発行

編著者　中島経夫
　　　　うおの会

発行者　武市一幸

発行所　株式会社 新評論

〒169-0051 東京都新宿区西早稲田3-16-28
電話 03(3202)7391
振替・00160-1-113487

落丁・乱丁はお取り替えします。
定価はカバーに表示してあります。
http://www.shinhyoron.co.jp

印刷　フォレスト
製本　桂川製本
装幀　山田英春

Printed in Japan
ISBN978-4-7948-0880-6